Markolf H. Niemz
Lucys Vermächtnis
Der Schlüssel zur Ewigkeit

Dieses Buch widme ich meiner *ganzen* Familie,

der *ganzen* Menschheit auf der Erde,

dem *ganzen* Leben im Kosmos

und eben jener *Ganzheit,*

zu der alles wird:

dem LICHT.

Markolf H. Niemz

Lucys Vermächtnis
Der Schlüssel zur Ewigkeit

Droemer

Besuchen Sie uns im Internet:
www.droemer.de

Die Folie des Schutzumschlags sowie die Einschweißfolie sind PE-Folien
und biologisch abbaubar.
Dieses Buch wurde auf chlor- und säurefreiem Papier gedruckt.

Originalausgabe April 2009
Copyright © 2009 bei Droemer Verlag
Ein Unternehmen der Droemerschen Verlagsanstalt
Th. Knaur Nachf. GmbH & Co. KG
Alle Rechte vorbehalten. Das Werk darf – auch teilweise –
nur mit Genehmigung des Verlags wiedergegeben werden.
Umschlaggestaltung: ZERO Werbeagentur, München
Umschlagabbildung: FinePic, München
Reproduktion: Setzerei Vornehm GmbH
Satz: Setzerei Vornehm GmbH
Druck und Bindung: Offizin Andersen Nexö, Leipzig
Printed in Germany
ISBN 978-3-426-27498-9

2   4   5   3   1

Inhalt

Die ganze Welt
ohne GOTT
erklären zu wollen

ist nicht weniger spekulativ,

als sie
mit GOTT
zu erklären.

Mut tut gut!

Mut zum Dialog. Es war für mich eine schmerzliche Erfahrung, als mich die Fakultät für Physik und Astronomie der Universität Heidelberg darum bat, meine Lehrerlaubnis für das Fach Physik zurückzugeben. Im Dialog mit der Religion liegt die Physik weit zurück. Viele Theologen sind schon lange zum Dialog bereit, da glauben einige Physiker immer noch, die ganze Welt mit Physik allein erklären zu können. Etwa auch die Liebe?

Mut zur Liebe. Wer in dieser Welt, die durch Konkurrenzkampf und Leistungsdenken bestimmt ist, auch an Liebe denkt, braucht vor allem eines: Mut, gegen den Strom zu schwimmen. Dabei ist doch die Liebe der allerhöchste Wert, den die Welt zu bieten hat.

Mut zu Reformen. Unsere politischen Gesetze sind kompliziert, weil sie zahlreiche Ausnahmen zulassen. Nur eine Besserstellung der Bedürftigen kann noch verhindern, dass die Schere zwischen Arm und Reich den seidenen Faden der Demokratie durchtrennt.

Mut zum Verzicht. Die derzeitige Finanzkrise ist hauptsächlich auf die materielle Gier zurückzuführen. Solange die Menschheit materielle Werte höher einstuft als immaterielle Werte – wie die Liebe und das Wissen –, sind weitere Krisen vorprogrammiert.

Mut zum Leben und Sterben. Der bekannte Religionsphilosoph Raimon Panikkar bezeichnet es als »Tragödie der Christen«, dass sie oft nicht den Mut haben, wirklich zu sterben.[1] Hiermit trifft er einen ganz wunden Punkt im christlichen Glauben. Ich möchte in diesem Buch erläutern, warum jedes Ich sterblich ist und weshalb das Loslassen vom Ich im Sterben so extrem wichtig ist.

Mut tut gut! *Lucys Vermächtnis* will allen Leserinnen und Lesern ganz viel Mut machen: zum Dialog, zur Liebe, zu Reformen, zum Verzicht, zum Leben und – erst sobald die letzte Stunde schlägt – zum Sterben. Folgende Vorbemerkungen liegen mir am Herzen.

- Dieses philosophische Buch verfasse ich *nicht* in erster Linie als Physiker, sondern als Mensch. Lucy präsentiert zahlreiche Hinweise – keine naturwissenschaftlichen Beweise! – auf ein mögliches Jenseits, das aber merkwürdigerweise nicht auf das Diesseits folgt. Deshalb ist es nicht ein Leben nach dem Tod.

- Lucy will *nicht* einen bestehenden Glauben ersetzen. Sie kann jedoch rational denkenden Menschen helfen, einen Glauben zu finden oder ihn wissenschaftlich zu festigen. Lucy will weder missionieren noch religiöse Vorstellungen werten, sondern alle Leserinnen und Leser zum kritischen Nachdenken anregen.

- Ich erhebe *nicht* den Anspruch auf Vollständigkeit. Allerdings formen Lucys recht ungewöhnliche Gedanken das schlüssigste Weltbild, das ich kenne. Es überzeugt mich insbesondere mit seiner logischen Eleganz und inneren Harmonie, die so einfach strukturiert ist, dass sie unmittelbar auf der Zunge zergeht.

- Drei Säulen bilden das solide Fundament von Lucys Weltbild: moderne Naturwissenschaft, Sterbeforschung und Religion. Es fasziniert mich, wie Lucy auf so unterschiedliche Säulen bauen kann, ohne in ernsthaften Konflikt mit einer davon zu geraten.

- Was hat mich motiviert, dieses Buch zu schreiben? Erstens die Erkenntnis, dass sogar die Physik einen Platz für die Ewigkeit hat – im Licht! Die Parallelen zu den Nahtoderfahrungen sind verblüffend. Zweitens die Erfüllung, sobald ich mich mit dem Jenseits wie mit einem spannenden Rätsel auseinandersetze.

9

- Wir alle haben nur diese Erde, auf der wir leben. In Anbetracht der vielen Probleme in unserer Welt – häufig verursacht durch materielle Gier – muss der Dialog zwischen Naturwissenschaft und Religion noch intensiver werden. Lucy macht es uns vor.

- Für labile Gemüter mag es durchaus hilfreich sein, sich bereits während der Lektüre mit Gleichgesinnten auszutauschen, weil Lucy mit einigen unbequemen Gedanken bis an die Substanz unserer Persönlichkeit geht. Eine geeignete Möglichkeit hierzu bietet das Internet-Forum auf *www.Lucys-Vermaechtnis.de*

- Dieses Buch verfasse ich auch im Gedenken an meine lieben Eltern, die ich in kurzer Zeit beide verloren habe. So intensive Eingebungen, wie ich sie seither habe, sind sicher kein Zufall. Immer mehr begreife ich, dass das, was meine Eltern mit mir verbindet – Liebe und Wissen –, das Einzige ist, was bleibt!

- Lucy hat gelernt, dass »ewig« nicht »zeitlos« bedeutet, sondern »zeitlich distanzlos« und dass es kein Leben nach dem Tod gibt. Ich bitte darum, ihr diese früheren Fehler zu verzeihen! Lucys Botschaft bezüglich Liebe und Wissen bleibt davon unberührt. Ältere Texte korrigiere ich nicht, denn Reifen ist menschlich.

- Keine Aussage in meinen Büchern widerspricht der modernen Physik – auch nicht meine Hypothese, dass die Seele ins Licht beschleunigt werden kann. Darum widerrufe ich nichts, jedoch bitte ich zu bedenken, dass selbst die Naturwissenschaft nur in Gleichnissen spricht. Auf der Suche nach immer mehr Wissen darf nie die Liebe verschwinden. Sie hat eine ungeheure Kraft, die physikalisch *nicht* zu messen ist. Wissen allein kann weder Krisen noch Kriege verhindern – das schafft nur die Liebe!

Markolf H. Niemz

Rendezvous mit Gott oder nichts

Ein Gläubiger, ein Ungläubiger und ein Mädchen mit fünf Jahren sind gerade gestorben. Die drei Seelen schweben in einen runden Saal, der nur zwei sich gegenüberliegende Ausgänge hat (wie in Abbildung 1). Die eine Tür besteht aus einem mächtigen Spiegel, in den vier große Buchstaben eingraviert sind: **G O T T**. Vor der anderen Tür befinden sich flackernde Kerzen, in die sechs kleine Buchstaben eingeritzt sind: **n i c h t s**. Zwischen den zwei Türen, genau in der Mitte des Rondells, sitzt ein älteres Kind und spielt mit zwei Zeigern, die auf einem Marmortisch befestigt sind.

Vor der Tür zu **GOTT** herrscht ein riesiges Gedränge: Millionen Seelen der verschiedensten Religionen schubsen sich gegenseitig hin und her. Jede von ihnen ist bemüht, dem Spiegel so nahe wie nur irgend möglich zu kommen. Die Seele des Gläubigen besinnt sich ihrer vielen guten Taten und stürzt sich in das Getümmel.

Vor der Tür zu **nichts** herrscht dagegen eine gähnende Leere. Die Seele des Ungläubigen freut sich und ruft:»Welch ein Wunder!«, tanzt im Licht der flackernden Kerzen und löst sich anschließend auf. Zum Schein – der Kerzen allein?

Das junge Mädchen spricht zwar schon, kann aber noch nicht die Türschilder lesen. Schüchtern setzt es sich an den Tisch und fragt neugierig:»Was spielst denn du?« Daraufhin antwortet das ältere Kind:»Ich spiele mit den Radien und den Zeigern von Raum und Zeit. Willst du mit mir spielen?« –»Au ja!« Interessiert dreht das Mädchen am größeren Zeiger und beobachtet dabei, wie sich der Gläubige im Spiegel der Tür mustert. Als es dann auch noch den

Abb. 1: Rendezvous mit Gott oder nichts

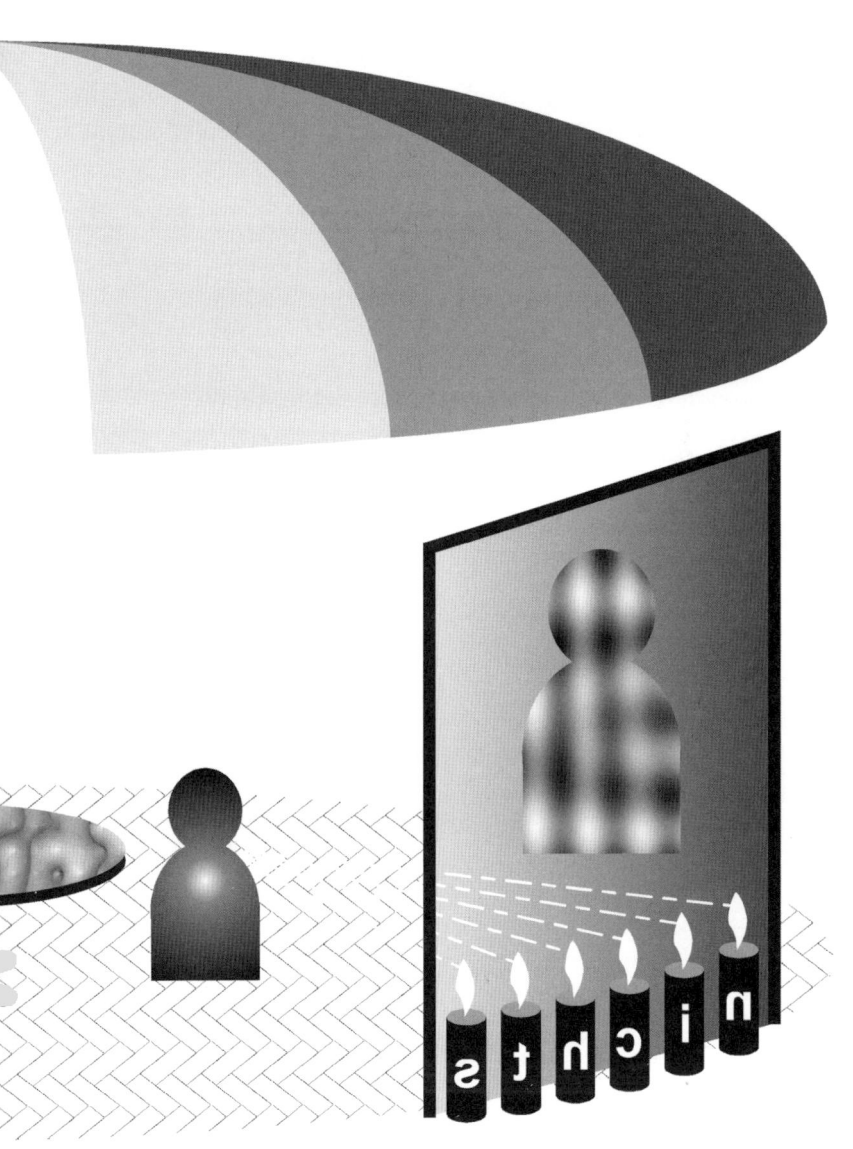

kleineren Zeiger bewegt, wird die Frisur des Gläubigen plötzlich *licht* und färbt sich silbergrau. Fasziniert von diesem neuen Spiel, fragt das Mädchen seinen Spielkameraden:»Wie heißt denn du?«

5ünf f
»was ist wie ich so **f**link und **f**lott,
dass schneller sein kann nicht mal **GOTT**?

was ist so **f**iligran und **f**ein,
dass nicht mal **nichts** kann leichter sein?

. i . . .

ja, wem verdankst du raum und ort,
auch wenn es selbst kann niemals fort?

und was lässt reifen, schenkt dir zeit,
obwohl es ist in ewigkeit?

. . c . .

sich jeder nur auf dort, zum dann,
beziehen und entwickeln kann.

das ganze ist ein großes spiel,
wenn alle eins, ist es im ziel.

. . . h .

falls unscheinbar ich für dich bin,
dann schau doch selbst zum ləɡəiqɐ hin.

weil darin flackert dein gesicht,
ist **GOTT** kein **nichts**, hat kraft, ist . . . . . !«

14

Bei null beginnen

In der eben erzählten Parabel geht es um die Frage aller Fragen: Was passiert mit mir, wenn ich sterbe? Komme ich zu Gott oder erwartet mich nichts? Existiert Gott überhaupt oder aber existiert er nicht? Wird es im Tod hell um mich oder zappenduster?

Solchen und ähnlichen Fragen widmet sich das vorliegende Buch. Alle darin vorgeschlagenen Antworten zeichnen sich durch etwas Besonderes aus: Sie stellen weder die sprachlich veralteten Texte der fünf Weltreligionen noch die inhaltlich nüchternen Texte des modernen Atheismus in den Mittelpunkt. Unser Ziel soll es sein, *jede* religiöse Überzeugung – also auch den Atheismus – kritisch zu hinterfragen. Dazu müssen wir zunächst sämtlichen religiösen Ballast und sämtliche atheistische Skepsis über Bord werfen. Ich starte mit einer ungewöhnlichen Definition des Begriffes »Gott«.

Gott ist alles, was absolut ist.

Ich beginne also bei null und mit der wohl neutralsten Definition von Gott. Diese hat den immens großen Vorteil, dass sie sowohl mit den Kernaussagen aller Religionen vereinbar ist als auch mit dem Atheismus, weil Letzterer die Existenz von göttlichen Wesen in Frage stellt, aber nicht die Existenz des Absoluten. Ich habe als Wissenschaftler gelernt, wie wichtig es ist, dass wir alle Begriffe sauber definieren, mit denen wir arbeiten. Es ist naheliegend, das Wort »absolut« auf seinen lateinischen Ursprung *absolutum* (auf Deutsch: das Losgelöste) zurückzuführen.

Etwas ist absolut, wenn es ohne Bedingung wahr ist.

Wie wir schon bald feststellen werden, ist es gar nicht so einfach, im Kosmos etwas Absolutes zu finden. Beispielsweise sind Raum und Zeit nur relativ, da sie sich nur unter einer Bedingung – unter Bezugnahme auf Sie oder auf mich – definieren lassen.

Etwas ist relativ, wenn es nur unter Bedingung wahr ist.

Das Absolute ist insbesondere für alle wahr. Relatives kann zwar hier und jetzt und für mich wahr sein, muss jedoch nicht dort und dann und für Sie wahr sein. Wenn wir nur irgendetwas Absolutes im Universum entdecken könnten, wäre gemäß meiner Definition von Gott nachgewiesen, dass Gott existiert. Natürlich wäre damit noch nicht die Existenz eines persönlichen Gottes bewiesen, aber Persönlichkeit wird es im Jenseits vielleicht auch gar nicht geben.

Manche mögen es für anmaßend halten, wenn ich Gott einfach so definiere, wie es mir passt. Dann könnte jeder daherkommen und Gott so definieren, wie er es für richtig hält. Aber geschieht nicht genau das in unserer heutigen Welt? Ist das nicht der Hauptgrund für all die Auseinandersetzungen zwischen den Religionen? Falls wir über Gott sprechen wollen, müssen wir uns zunächst darüber einigen, was wir unter Gott verstehen. Ich denke, wir *alle* können uns damit anfreunden, die zwei Begriffe »absolut« und »göttlich« gleichzusetzen. Ungläubige hole ich ausdrücklich mit ins gleiche Boot, da sie über die Vokabel »Gott« noch frei verfügen können!

Das schönste Beispiel für den Unterschied zwischen absolut und relativ, das ich kenne, ist ein mit Wasser gefüllter Becher. Wenn er bis zum Rand gefüllt ist, dann ist nur eine Aussage wahr: Der Becher ist voll. Das Gleiche gilt, wenn der Becher nichts enthält: Dann ist der Becher leer. Wenn stets die gleiche Aussage für alle Perspektiven – ohne eine Bedingung »für Sie« oder »für mich« –

wahr ist, dann ist sie absolut. Aber wie steht es um die Wahrheit, wenn der Becher nur halb gefüllt ist? Dann kann derselbe Becher halb voll und halb leer sein: Bezogen auf einen vollen Becher, ist er halb voll, und bezogen auf einen leeren Becher, halb leer. Beide Aussagen sind nur relativ, weil sie auf etwas Bezug nehmen. Die Bezugnahme stellt eine Bedingung dar und führt zur Relativität.

Der Inhalt eines Bechers kann zwei absolute Zustände annehmen: voll und leer. Also ist auch die Leere absolut. Die Leere, die dem Loslassen vom Ich entspricht, bezeichnen die Buddhisten als das *Nirwana* (auf Deutsch: das Erlöschen). Diese Leere tritt ein, wenn jene drei Eigenschaften erlöschen, die all unser Leid verursachen: Gier, Hass und Unwissenheit. Keine dieser drei Eigenschaften ist absolut, weil sie alle an Bedingungen geknüpft sind. Ob das wohl auch auf die Vollkommenheit, die Liebe und das Wissen zutrifft? Neugier ist die wichtigste Motivation beim Lernen. Ihre Neugier wird schon bald belohnt werden – das verspreche ich Ihnen.

Wie darf ich vorgehen, um Erkenntnisse über das Absolute oder Relative in dieser Welt zu gewinnen? Mit ihrer Gesetzmäßigkeit strotzt unsere Mutter Natur nur so vor Logik. Logisches Denken ist folglich durchaus legitim und gewährleistet zudem maximale Objektivität. Dass die Logik ein äußerst nützliches Werkzeug ist, möge uns das folgende Beispiel verdeutlichen: Viele Religionen predigen, dass auf den Tod die Ewigkeit folgt. Aber wie müssen wir uns die Ewigkeit vorstellen? Bedeutet sie Zeitfülle oder aber Zeitlosigkeit? Wenn sie Zeitfülle bedeutet, dann könnte sie nicht auf den Tod folgen, da sie auch alle Zeit vor dem Tod beinhaltet. Wenn sie Zeitlosigkeit bedeutet, dann könnte sie bloß zu keinem Zeitpunkt – also niemals – existent sein. Aus dieser sprachlichen Sackgasse führt nur ein Weg heraus: Wir müssen unsere Begriffe stets sorgfältig definieren und unseren Grips anstrengen.

Das Hauptproblem beim Begriff der Ewigkeit besteht darin, dass wir ihn mit etwas verknüpfen wollen, was – wie sich bald zeigen wird – lediglich eine Illusion ist: die absolute Zeit. Der Begriff der Ewigkeit ist nämlich sinnlos, falls wir ihn als »alle Zeit« oder als »keine Zeit« definieren, weil »die Zeit« überhaupt nicht existiert. Wir werden eine ganz neue Definition von Ewigkeit verwenden, die auf logischem Denken beruht und darum in sich schlüssig ist. Seien Sie gespannt, was sich damit alles über das Leben und den Tod erfahren lässt. Wer gerne denkt, wird Gefallen daran finden.

Ich halte die Logik für besonders wichtig, da sie die Sprache der Vernunft ist und wir nur mit ihr nachvollziehbar sinnvolle Werte im Leben schaffen können; ethische Werte wie die Liebe schließe ich mit ein. Logisch denken heißt auch, sich kritisch mit etwas zu befassen und es zu hinterfragen. Ein Glauben, der keinerlei Logik duldet, bietet den Nährboden für gefährliche fundamentalistische Strömungen. Kritisches Hinterfragen ist wichtig. Viele Menschen können nicht an Gott glauben oder wenden sich von ihm ab, da es ihnen nicht gelingt, das Leid in der Welt mit Gott zu vereinbaren. Sogar dieses Argument, das Gott massiv in Frage stellt, lässt sich mit Logik entkräften. Andere Leute finden Hoffnung und Trost in ihrer Religion – allerdings ohne die dabei vermittelte Vorstellung vom Jenseits kritisch zu hinterfragen. In allen Bereichen unseres Lebens zeigt sich aber, dass nur ein stetes kritisches Hinterfragen zu vernünftigen Resultaten führt. Auf diesem Prinzip beruhen die politische Demokratie, das wirtschaftliche Qualitätsmanagement und die naturwissenschaftliche Forschung. Es gibt keinen Grund, weshalb dieses tragfähige Prinzip nicht auch auf die Religiosität anwendbar sein sollte. Wer ein politisches Gesetz für nicht mehr zeitgemäß hält, darf in gleicher Weise auch eine antike, religiöse Schrift hinterfragen; *denn ein guter Glaube wird durch Logik und kritisches Hinterfragen nicht geschwächt, sondern gestärkt.*

Wer ist Lucy?

Lucy, mit der ich Sie in diesem Kapitel bekannt machen möchte, ist einem ganz großen Geheimnis auf der Spur. Womöglich dem größten Geheimnis der Menschheit? Vielleicht dem allergrößten Geheimnis, das unser Universum überhaupt zu bieten hat? Lucy will ihre Erkenntnisse in Bezug auf dieses Geheimnis allerdings nicht für sich behalten. Sie möchte ihr Wissen mit Ihnen – liebe Leserin, lieber Leser – teilen. Deshalb meine Frage an Sie: Sind Sie auch dazu bereit? Bereit, sich auf ein spannendes Abenteuer einzulassen, dessen Ausgang zunächst noch höchst ungewiss ist? Wollen Sie zusammen mit Lucy versuchen, sich bis ans Äußerste unserer Erkenntnisfähigkeit vorzutasten? Selbst wenn Sie hierbei die bequemen ausgetretenen Pfade verlassen müssen?

Wer ist eigentlich Lucy? Lucy ist ein aufgewecktes Mädchen, das spielerisch unsere Welt entdeckt und viele, vielere, vielste Fragen stellt, ohne dabei ein Blatt vor den Mund zu nehmen. Das Leben kritisch, aber stets konstruktiv zu hinterfragen – mit genau dieser Grundstellung kann Lucy uns ein Vorbild sein. Sie betrachtet den Kosmos und alles, was darin geschieht, als ein universelles Spiel; ein Spiel mit *lauter* Fragen und *leisen* Antworten. Was mache ich denn, wenn ich spiele? Worauf beruht eigentlich die Faszination, die ein Spiel auf mich ausüben kann? Kommt sie vielleicht daher, dass ich beim Spielen gleich dreierlei vergessen darf: Zeit, Raum und mich selbst? Haben Sie schon mal beim Spielen plötzlich auf die Uhr geschaut und erstaunt festgestellt: Ach, wie spät es schon ist! Ach, wo bin ich hier eigentlich? Kennen Sie das gute Gefühl, das sich jedoch nur im Team – wie in einem Ballspiel – einstellen kann: Mein Team hat gew☺nnen oder verl☹ren, nicht ich?

Zeit. Raum. Ich. Immanuel Kant hatte bereits vor mehr als 200 Jahren erkannt, wie essenziell diese Strukturen für uns alle sind. Ich kann mir diese Welt weder zeitlich distanzlos noch räumlich distanzlos, noch ichlos vorstellen; denn meine Gedanken folgen stets zeitlich nacheinander, mein Körper hat stets ein räumliches Gegenüber, und jede Vorstellung kann bloß meinem eigenen Ich entspringen. Nach Immanuel Kant sind Zeit, Raum und Ich keine Erfahrungen, die wir über unsere Welt machen können, sondern Voraussetzungen dafür, dass wir überhaupt Erfahrungen machen können.[2] Schwitz – für den Anfang war das schon starker Tobak. Doch keine Sorge, wir werden Kant nicht noch weiter bemühen, sondern nur etwas Interessantes festhalten: Wir können uns zwar nicht vorstellen, wie eine distanzlose und ichlose Welt beschaffen ist, aber wir können uns durchaus überlegen, wie sie sicher *nicht* beschaffen sein kann. Genau dazu lädt Lucy uns ein. Lucys Ideen können uns zum Nachdenken anregen und sprachlos machen. Ist Sprachlosigkeit womöglich schon ein kleiner Vorgeschmack auf eine ichlose Welt?

Das Spiel. Spielen ermöglicht uns allen etwas, das wir ab und zu brauchen: ein Abschalten vom Alltag, der uns zeitlich, räumlich, aber auch persönlich begrenzt. Im Spiel kann ich mein Gefühl für Raum und Zeit verlieren. Ich kann vergessen, wie spät es ist oder wo ich gerade bin. Ja, in meinem Team kann ich sogar vergessen, dass ich es bin. Und wieder blicken wir etwas mehr als 200 Jahre in die Geschichte der Menschheit zurück. Friedrich von Schiller hat damals schon gewusst: »Der Mensch ist nur da ganz Mensch, wo er spielt.«[3] Spielen gehört also in unserem Leben dazu. Doch wir wollen noch einen Schritt weiter gehen: Das Spielen schenkt uns – neben dem Meditieren und dem Sterben – eine der wenigen Möglichkeiten, Raum, Zeit sowie dem eigenen Ich zu entfliehen.

Das Leben – ein Spiel?

Immer wieder hat sich die Menschheit gefragt, woher sie kommt und wohin sie geht. Viele Religionen betrachten die Welt als eine göttliche Schöpfung – unterteilt in eine diesseitige Welt und eine darauf folgende (!) jenseitige Welt, bestehend aus einem Himmel und einer Hölle. Die Erkenntnisse der Naturwissenschaften haben bewirkt, dass Himmel und Hölle keinen natürlichen Platz mehr in unserem Kosmos haben. Göttliche Wunder und Eingriffe auf dem Planeten Erde verlieren immer mehr an Glaubwürdigkeit, weil sie mit den beobachtbaren Naturgesetzen kaum zu vereinbaren sind. Für die Kosmologen ist die Erde nur noch ein relativ unwichtiger Materieklumpen, der sich irgendwo in einem unvorstellbar leeren und unpersönlichen Universum bewegt. Ganz im Gegensatz dazu halten sich viele Erdbewohner selbst für extrem wichtig. Das Ich und seine egoistischen Bedürfnisse werden wesentlich wichtiger eingestuft als die absoluten Werte wie die Liebe oder das Wissen. Darum fällt es vielen Menschen so schwer, an ein Jenseits, gefüllt mit Liebe und mit Wissen – aber ohne jedes Ich –, zu glauben. In Lucys Weltbild steht das Absolute im Mittelpunkt, nicht das Ich!

Nach dieser *klitzekurzen* Einleitung ahnen Sie womöglich schon, was so alles passieren kann, wenn Sie sich jetzt gleich auf Lucys Fragespiel einlassen. Es wird wohl kein Zuckerschlecken werden. Stellen Sie sich bitte darauf ein, auch mit weniger schmackhaften Zutaten (als Zucker!) und mit unbequemeren Gedanken (als Ball zu spielen!) konfrontiert zu werden. Lucy wird verschwommenen Begriffen wie»Seele« und»Jenseits« eine eigenwillige, aber ganz simple und plausible Bedeutung geben. Falls Ihr eigenes Weltbild danach auf dem ʀobʇ steht, nutzen Sie doch diese große Chance, um selbst Neuland zu betreten und nach Antworten zu suchen!

Haben Sie die ungewöhnliche Formatierung des Textes bemerkt? Die Absätze sind abwechselnd links- und rechtsbündig gedruckt.

Freuen Sie sich jetzt auf ein exotisches Leseerlebnis: Wechselnde Formatierungen, gespiegelte Buchstaben, verschiedene Grautöne, kreative Wortschöpfungen und gewitzte Wortspiele sollen helfen, den Blick für das Wesentliche zu schärfen! Lucy stellt 25 Fragen, die zuerst harmlos klingen, es aber in sich haben. Schon Sokrates hatte gezeigt, dass die wahre Kunst der Philosophie darin besteht, geeignete Fragen auszuwählen. Die 25 mitunter ungewöhnlichen Antworten stammen von Albert Einstein und Lucy. Falls Sie Ihre eigene Kondition auf dem Weg ins Licht stärken möchten, lassen Sie sich einfach vom Scharfsinn dieser beiden Köpfe inspirieren! Entdecken Sie selbst, wie erfüllend das Philosophieren sein kann. Ob klein oder groß, jung oder alt, wir alle dürsten – nach mehr.

Die folgenden 25 Fragen und Antworten verbinden Erkenntnisse aus Naturwissenschaft, Philosophie und Religion. Lucy wünscht sich, dass ihre Antworten uns zum Nachdenken anregen. Sie will aber auch, dass wir uns kritisch damit auseinandersetzen. Lucys Gedanken sprechen alle an, sowohl die Gläubigen (= die an Gott glauben) als auch die Ungläubigen (= die nicht an Gott glauben). Alle kommen auf ihre Kosten; für alle ist was dabei. Wichtig ist: Lucy will niemanden missionieren. Das Absolute lässt sich nicht aufzwingen, sondern nur erkennen.

Unsere pfiffige Lucy sitzt schon in den Startlöchern. Im nächsten **Augen**blick platzt ihr **Mund** mit einem **ohren**betäubenden Knall, wenn wir ihr jetzt nicht sofort das Wort erteilen. Mir sei nur noch eine klitzekürzeste Anmerkung erlaubt: Selbstverständlich sparen Sie viel Lesezeit, wenn Sie – wie über glühende Kohlen gehend – zunächst zum Ende des Buches blättern. Bitte bedenken Sie aber: Wer die letzte Seite zuerst liest oder sich vorab über den Ausgang eines Spiels informiert, bringt sich selbst um die Pointe – er kann nicht mehr angenehm überrascht werden!

Lauter
Fragen

Leise
Antworten

Jeder Mensch glaubt

entweder
dass GOTT
existiert

oder
dass GOTT
nicht existiert.

Lucy fragt:
Wie kann ich denken?

Lucy antwortet:
Intuitiv und logisch.

Darf ich, die Lucy, Sie duzen?

Nein? Warum denn nicht? Weshalb ist Ihnen ein Sie lieber als ein Du? Wie wichtig sind eigentlich das Sie, das Du und das Ich? So harmlos diese Frage auch klingen mag – in diesem Buch wird sie zu einer Schlüsselfrage: Kann das Sie, das Du oder das Ich sogar den Tod überdauern? Das deutsche Sie erlaubt es uns, höflich zu sein. Jedoch trennen nicht alle Sprachen zwischen dem formalen Sie und dem persönlichen Du. Modernes Englisch kennt nur das *you*. Im Japanischen existieren viele weitere Höflichkeitsformen.

Wenn Höflichkeit das oberste Gebot ist, dann geht das Sie sicher in Ordnung; aber wie steht es mit Situationen, in denen eine allzu große Distanz hinderlich sein kann? Wenn wir beispielsweise mit einer unbekannten Person vertraut werden wollen; oder wenn wir darüber nachdenken, zu wem und zu was wir überhaupt so etwas wie eine Beziehung aufbauen können. Für mich steht fest: Meine Beziehung zu einem Sie wird niemals so innig und so erfüllt sein können wie meine Beziehung zu einem Du. Daher gehe ich stets, wenn ich in die Tiefe vordringen will, über zum Du – auch Ihnen gegenüber! Ich bin davon überzeugt, dass die meisten Leserinnen und Leser ähnlich empfinden, und möchte Ihnen deshalb danken, wenn Sie ab jetzt das Du zulassen.

Ich habe mir sehr viel vorgenommen: Anhand von 25 Fragen und 25 Antworten möchte ich dich gerne davon überzeugen, dass das Philosophieren nicht nur höchst lehrreich sein kann, sondern auch Spaß macht und süchtig – süchtig nach Sinn! Um deine Vorliebe für die Philosophie zu wecken, habe ich alle Fragen ganz einfach, aber höchst präzise formuliert. Immer wenn ich dir Anweisungen für kleine Übungen erteile, zeige ich dir damit einen Weg, wie du aus eigener Kraft unerwartete Freude finden kannst.

Ich starte mit einer grundsätzlichen Frage: Wie kann ich denken? Zugegeben – auf den ersten Blick kann eine philosophische Frage manchmal etwas dumm klingen, aber es existieren keine dummen Fragen, höchstens dumme Antworten. Absichtlich stelle ich diese Frage an den Anfang, weil sie sehr geeignet ist, um dich mit einer Eigenschaft des Philosophierens vertraut zu machen: Der Weg zu einer Antwort ist oft spannender als die Antwort selbst.

Wie können wir vorgehen, um eine solche Frage zu beantworten? Lass es uns doch einfach ausprobieren: Wir denken jetzt ungefähr eine Minute lang an irgendetwas. Was das ist, soll zunächst keine Rolle spielen. Einverstanden? Die Zeit läuft.

Nun folgt ein wichtiger Schritt im Philosophieren: die Reflexion. Überlege dir, was du soeben gedacht hast. Womöglich hattest du den spontanen Gedanken, welche Zeitverschwendung diese Frage doch ist. Oder welche Geldverschwendung dieses Buch doch ist. Solche Einfälle kommen blitzschnell und unvermittelt. Sie fallen einfach ein – im wahrsten Sinn des Wortes! Spontane Gedanken kannst du weder steuern noch aus anderen Eingebungen ableiten. Sie beruhen einzig und allein auf deiner Intuition. Es handelt sich um das sogenannte *intuitive Denken*.

Vielleicht hast du aber auch gedacht: Weshalb gibt es eigentlich keine dummen Fragen? Nun, wenn eine Frage dumm wäre, dann bräuchte sie gar nicht erst gestellt zu werden. Daraus folgt sofort:

27

Frage 1: Wie kann ich denken?

Weil die Frage gestellt worden ist, kann sie nicht dumm gewesen sein. Solche Gedanken kommen dir nicht intuitiv, sondern folgen nacheinander. Beim *Nach*denken und Schlussfolgern wendest du Logik an. Es handelt sich um das sogenannte *logische Denken*.

Wahrscheinlich hattest du aber keinen dieser Gedanken, sondern bist bei etwas ganz anderem hängen geblieben. Das ist sogar gut so, weil du dir jetzt selbst überlegen kannst, ob du während jener Minute eher intuitiv oder eher logisch gedacht hast. Zugegeben – diese Übung kam unvorbereitet. Aber eine Minute ist schon recht lang; viel zu lang, um über gar nichts nachzudenken, selbst wenn die knappe Anleitung – an irgendetwas zu denken – sehr abstrakt formuliert war. Jetzt will ich meine eingangs gestellte Frage doch noch konkretisieren: Wie kann ich *über Gott* denken? Zahlreiche Gelehrte haben sich schon ihre schlauen Köpfe bei dem Versuch zerbrochen, die Existenz von Gott entweder zu beweisen oder zu widerlegen. Weder das eine noch das andere ist in Jahrtausenden geglückt. Das finde ich erstaunlich, wenn ich bedenke, wie viele Köpfe aus einem einzigen Jahrtausend hervorgehen.

Ich gebe dir Recht, wenn du der Meinung bist, dass Gott – wenn es ihn gibt – mit logischem Denken nicht bewiesen werden kann. Bedeutet das aber, dass wir nie logisch über Gott denken dürfen? Wohl kaum, denn ich kann mir nicht mal beim allerbesten Willen vorstellen, dass Gott – wenn er existiert – unlogisch ist! Ohne die Logik wäre ihm seine wunderbare Schöpfung niemals gelungen.

Wenn Gott existiert, dann ist er nicht unlogisch.

Intuitives Denken ist von einer anderen, nicht minderen Qualität. Weil es kein Schlussfolgern zulässt, beruht es allein auf Glauben. Glaubenserfahrungen können genauso stark sein wie ein Beweis, sind aber etwas Persönliches und nicht objektivierbar. Ich glaube, dass ein persönlicher Gott nie bewiesen werden wird – und doch kann ich ihn logisch und intuitiv denken. Dieses Buch beruht auf dem gleichen Ansatz: Jeder darf an Gott glauben, aber er muss es nicht. Was ich für pure Zeitverschwendung halte, ist eine hitzige Diskussion zweier Menschen über Gott, von denen der eine bloß intuitiv, der andere nur logisch denken kann oder will. In solchen Situationen prallen stets gegensätzliche Denkweisen aufeinander. Dabei werden zwar Argumente für oder gegen Gott ausgetauscht, aber eine echte Annäherung kann gar nicht erfolgen.

Beim Philosophieren hilft es uns, immer wieder innezuhalten und ein Resümee zu ziehen. Deshalb fassen wir kurz zusammen: Die Existenz Gottes – auch die Existenz eines Jenseits – lässt sich mit Logik wohl weder beweisen noch widerlegen. Darum werden wir einen neuen und ungewöhnlichen Weg einschlagen: Wir nehmen einfach mal an, dass es so etwas wie ein Jenseits gibt, und denken anschließend logisch darüber nach, wie es *nicht* sein kann. Ohne dem Verlauf des Buches vorzugreifen: Bei diesem Vorgehen darf die Logik unser Weggefährte bleiben, und Gott offenbart sich uns plötzlich auf eine verblüffende Art und Weise, wie ich es niemals erwartet – geschweige denn für möglich gehalten – hätte.

Meine Antworten Nr. 2 bis 22 bauen in erster Linie auf das stabile Fundament der Logik. Jedoch haben wir eben gelernt, dass neben dem logischen Denken auch das intuitive Denken existiert. Wenn wir nur logisch denken könnten, wären wir so wie ein Computer. Was uns davon unterscheidet, ist die eigene Intuition. Im Verlauf aller Kapitel wird sie immer wichtiger werden. Die Schlussfragen Nr. 23 bis 25 lassen sich nicht mehr ohne Intuition beantworten – oder glaubst du, dass ein Computerprogramm jemals ausspucken kann, warum wir überhaupt leben?

29

Somit werden wir uns in diesem Buch sowohl vom logischen als auch vom intuitiven Denken leiten lassen. Moderne Erkenntnisse aus Naturwissenschaft, Philosophie und Religion fließen mit ein. Bei unseren Gedanken über Raum, Zeit und Materie werden wir die Naturwissenschaften und die Philosophie zu Rate ziehen. Bei unseren Reflexionen über das Licht erhalten wir noch zusätzliche Unterstützung von den Religionen und der Sterbeforschung. Wir leben in einem geordneten Kosmos, der einfachen Naturgesetzen gehorcht. Unabhängig davon, ob wir diese Ordnung einem Gott zuschreiben oder nicht, verfolgen alle genannten Disziplinen ein gemeinsames Ziel: das ordnende Prinzip zu enthüllen. Ich selbst bin davon überzeugt, dass wir uns diesem hohen Ziel nur nähern können, wenn wir ganzheitlich denken – logisch *und* intuitiv.

Ein weises Sprichwort besagt: Vorfreude ist die schönste Freude. Wenn du die ganze Tragweite meiner Gedanken bei der weiteren Lektüre erfahren willst, möchte ich dir noch drei wertvolle Tipps ans Herz legen.

- Verschlinge dieses gehaltvolle Buch nicht wie einen Krimi.
- Reflektiere über jede Frage und Antwort, bevor du weiterliest.
- Nutze jede kleine Rückschau, um mich auch mal abzulegen.

Kleine Rückschau

Vor jedem neuen thematischen Abschnitt (Raum, Zeit, Materie, Licht ...) werde ich eine kleine Rückschau einblenden. Sie soll vor allem dazu dienen, das eben Gelernte zu verinnerlichen.

In diesem Kapitel haben wir gelernt, dass es das logische Denken und das intuitive Denken gibt. Wenn ich schlussfolgere, bediene ich mich der Logik. Wenn ich glaube, vertraue ich der Intuition.

Lucy fragt:
Was ist Raum?

Einstein antwortet:
Was ich an meinem Lineal ablese.

Frage 2: Was ist Raum?

Bitte lies dir zuerst die folgenden fünf Anweisungen genau durch
und setze sie anschließend in die Tat um.

- Lege mich beiseite.
- Erhebe dich.
- Schließe die Augen.
- Erfahre Raum, ohne deine Schritte zu zählen.
- Beantworte dabei die Frage, was du unter *Raum* verstehst.

STOPP.
Bitte erst nach dieser kleinen Übung weiterlesen!

Nun bin ich aber neugierig!
Hast du erfahren können, was Raum ist?
Hast du ihn gefühlt? Wie fühlt sich Raum an?
Ist Raum eine Art Stoff? Wie die geatmete Luft?
Aber was soll Raum dann im luftlosen Weltall sein?

Schau dich doch um! Ist das, was du siehst, Raum? Ist der Raum,
in dem du dieses Buch liest, Raum an sich? Oder ist dieser Raum
womöglich ein Zimmer, bestehend aus vier Wänden, einer Decke
und einem Fußboden?

Lausche ihm mit deinen Ohren! Wie hört sich Raum an?
Schnuppere ihn mit deiner Nase! Wie riecht Raum?
Koste ihn mit deiner Zunge! Wie schmeckt Raum?

Antwort 2: Was ich an meinem Lineal ablese.

Persönlich habe ich alles mehrfach ausprobiert, allerdings konnte ich ihn weder fühlen noch sehen, noch hören, noch riechen, noch schmecken. Ist Raum womöglich bloß eine Illusion des Gehirns?

Gewiss übertreibe ich nicht, wenn ich behaupte, dass sich bereits Tausende von Wissenschaftlern bemüht haben, die recht harmlos klingende Frage »Was ist Raum?« zu beantworten. Von ihnen hat keiner eine Antwort gefunden, die mich befriedigt – bis auf einen jungen Patentanwalt aus der Schweiz: Albert Einstein. Aus seiner Arbeit können wir die folgende Antwort ableiten: *Raum ist, was ich an meinem Lineal ablese.*[4] Bescheidener geht es kaum.

Trotz aller Bescheidenheit: Einsteins Antwort hat es in sich. Hast du etwas Raum zur Verfügung, um darüber zu meditieren? Albert schafft mit diesem Satz eine Meisterleistung: In wenigen Worten definiert er Raum, indem er ihn allein auf jene Person bezieht, die wissen möchte, was Raum eigentlich sei. Raum ist für *mich* das, was ich an *meinem* Lineal ablese – Raum ist für *dich* das, was du an *deinem* Lineal abliest. So misst ein Lineal heute in der Physik. Nicht mehr ist Raum, aber auch nicht weniger. Punkt.

Doch was ist eigentlich in den genialen Einstein gefahren, dass er sich nur so bescheiden zum Thema Raum äußert? Die Abbildung 2 hilft uns, Einsteins Gedanken zu verstehen. Sie zeigt zwei Lineale, die völlig identisch gebaut sind und sich nur darin unterscheiden, wie sie sich relativ zu mir bewegen: Das obere Lineal *ruht* relativ zu mir, das untere Lineal *bewegt sich* relativ zu mir. Einstein hat behauptet, dass das untere Lineal allein aufgrund seiner relativen Bewegung für mich kürzer ist als das obere Lineal. Damit hat er wohl recht, denn bis heute hat kein Experiment seine Behauptung widerlegen können. Selbst ein noch so gut geeichtes Lineal wird für mich kürzer, wenn es sich relativ zu mir bewegt.

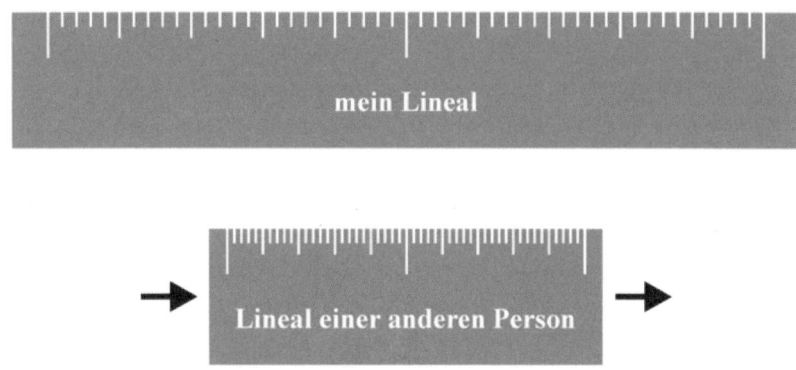

Abb. 2: Ruhendes Lineal und bewegtes Lineal

Wenn du wissen möchtest, *weshalb* sich das so verhält und nicht anders, dann müssen wir Einsteins Argumentation etwas genauer unter die Lupe nehmen: Eigentlich ging er einfach nur davon aus, dass Licht immer mit konstanter Geschwindigkeit unterwegs ist – mit Lichtgeschwindigkeit! Diese Annahme genügte Einstein, um abzuleiten, dass Raum nicht absolut sein kann.

Folglich ist »der Raum« tatsächlich nur eine Illusion: Es existiert allein Raum bezogen auf dich oder Raum bezogen auf mich. Das ist eine bedeutende Erkenntnis, mit der sich sogar viele Physiker oft sehr schwertun. Wenn Raum nur relativ ist, dann ist nämlich auch unsere Vorstellung vom absoluten Weltraum lediglich eine Illusion. »Der Weltraum« als eine objektive Größe existiert somit gar nicht – allerdings gibt es für jeden von uns relative räumliche Distanzen. Der Begriff »räumliche Distanz« drückt die wichtigste Eigenschaft von Raum deutlich besser aus als das Wort »Raum«.

Die Grundstruktur »räumliche Distanz« ist relativ.

Lucy fragt:
Räumliche Distanz trennt ...?

Lucy antwortet:
Dort von Hier, dich von mir.

Weil Raum relativ ist, können wir die Begriffe »hier« und »dort« nicht eindeutig definieren, was die folgende Szene schön beweist: Ich befinde mich hier auf einer Couch im Wohnzimmer und tippe die dritte Antwort dieses Buches in mein Notebook ein. Während ich schreibe, denke ich daran, dass du irgendwo darin lesen wirst. Aus meiner Sicht verfasse ich es *hier,* und du wirst es *dort* lesen. Aber aus deiner Perspektive wird mein Dort zu deinem Hier, da diese Begriffe nur relativ sind. Obwohl wir äußerst verschiedene Vorstellungen von Dort und Hier haben, sind sie beide real; doch was trennt eigentlich Dort von Hier?

Ich bin immer in meinem Hier – du bist immer in meinem Dort. Zwischen Hier und Dort liegt eine räumliche Distanz. *Räumliche Distanz trennt Dort von Hier und folglich dich von mir.* Zwischen uns ist eine räumliche Distanz: ein Zwischenraum. Dieser Begriff beinhaltet mehr als nur »Raum dazwischen«. Erst Zwischenraum garantiert jedem von uns seinen persönlichen Freiraum und seine Freiheit. Da wir beide einen gemeinsamen Zwischenraum haben, endet meine Freiheit immer dort, wo dein Freiraum beginnt – und umgekehrt. Jedem von uns sind seine eigenen Grenzen gesetzt.

Wir halten fest: Räumliche Distanz trennt dich von mir. Das mag dir sehr einfach und logisch erscheinen. Genau das muss es aber auch sein, weil wir hierfür lediglich das logische Denken bemüht haben. Vielleicht fragst du dich, wofür so eine Haarspalterei wohl gut sein kann? Nun, nicht bloß das Haar ist spaltbar. Alle Objekte sind voneinander durch räumliche Distanzen getrennt! Erst Raum verschafft jedem von uns die – oft sogar erwünschte – Distanz zu seinen Mitmenschen, allerdings kann er uns auch völlig isolieren. Räumliche Distanz ist sehr nützlich, führt jedoch auch dazu, dass ich von all meinen Angehörigen und Freunden getrennt bin. Hast du Raum schon einmal unter diesem Aspekt betrachtet?

Lucy fragt:
Räumliche Distanz ermöglicht ...?

Lucy antwortet:
Gegenüber, Individualität, Beziehung.

Bitte lies dir zuerst die folgenden fünf Anweisungen genau durch und setze sie anschließend in die Tat um.

- Gehe mit mir zu einem großen Spiegel.
- Halte mich so vor deinen Bauch, dass diese Seite zum Spiegel hin zeigt.
- Schaue dir im Spiegel zunächst in deine Augen.
- Bewege deinen Blick dann langsam abwärts.
- Beginne zu lesen.

Um diesen Text flüssig lesen zu können, musst du ihn im Spiegel betrachten. Es ist schon sehr verblüffend, wie schwer wir uns mit dem Lesen von Spiegelschrift tun und wie leicht es uns mit Hilfe des Spiegels fällt. Unser Gehirn ist Spiegelschrift nicht gewohnt. Unsere Fähigkeit, lesen zu können, ist antrainiert und kann durch kleine Störungen – beispielsweise die Spiegelung – beeinträchtigt werden. Dennoch sind wir lernfähig. Hätte ich das gesamte Buch in Spiegelschrift geschrieben, so würde dir die Lektüre von Seite zu Seite leichter fallen.

Raum zeichnet sich dadurch aus, dass erst in ihm ein Gegenüber existiert. *Räumliche Distanz ermöglicht ein Gegenüber.* Da ohne ein Gegenüber nichts individuell sein kann, *ermöglicht räumliche Distanz außerdem Individualität.* Da ohne Individualität keinerlei Beziehung aufgebaut werden kann, *ermöglicht räumliche Distanz auch Beziehung.* Bemerkenswert ist, dass Individuelles aufgrund der Relativität von Raum niemals absolut sein kann.

Jetzt will ich dich zu einem weiteren Experiment einladen. Drehe dich vor einem Spiegel einmal um deine eigene Achse und präge dir alles genau ein, was dir ins Blickfeld rückt. Versuche danach, im Spiegel so viel wie möglich davon wiederzuerkennen. Worin unterscheiden sich die beiden Bilder, die du auf diese Weise von deiner Welt gewinnst, abgesehen davon, dass du im Spiegel alles spiegelverkehrt siehst? Nur das Bild im Spiegel zeigt dich selbst. Somit kann dir ein Blick in den Spiegel dabei helfen, dass du dir deiner Individualität bewusst wirst. Du bist ein Individuum!

Auf den ersten Blick mag es dir trivial erscheinen, aber in einem Spiegel nimmst du auch deutlich wahr, dass du in die Umgebung eingebettet bist. Raum trennt uns nicht nur voneinander, sondern bettet uns auch in die Umgebung ein: Ich bin vor dir, anderes ist neben, hinter, über oder aber unter dir. Was bewirkt folglich jede räumliche Distanz für dich? Sie setzt dich zu allen Personen und Objekten aus deiner Umgebung in eine Beziehung!

Nur weil räumliche Distanz ein Gegenüber erlaubt, wird etwas so Wunderbares möglich wie Individualität und Beziehung. In einer distanzlosen Welt kann es weder das eine noch das andere geben. Doch ein Spiegel lässt dich erkennen, dass räumliche Distanz für dich existiert und dass auch du nur ein Teil vom Ganzen bist. Mit einem Spiegel kannst du ganzheitliches Denken trainieren.

Raum allein wertet jedoch nicht. Räumliche Distanz ermöglicht Beziehungen aus Liebe, aber auch Beziehungen aus Hass – also Gefühle der Zuneigung und der Abneigung. Räumliche Distanz vermittelt keine konkreten Anhaltspunkte dafür, wie ich mich in Bezug auf mein Gegenüber zu verhalten habe. So könnte ich den gesamten Zwischenraum, der uns trennt, für mich beanspruchen und sogar deine Existenzberechtigung in Frage stellen. Dass ich mich nicht so verhalte, liegt an etwas anderem. Was das ist, will ich jetzt noch nicht verraten. Ich gebe nur einen Hinweis: Gerade weil Raum gar nicht absolut ist, muss jede räumliche Distanz die logische Konsequenz von etwas viel Höherem sein.

Zum Schluss unserer Betrachtung über Raum habe ich noch ein kleines Bonbon für deinen Gaumen: Mit ihm darfst du erfahren, welch einen künstlichen Beigeschmack Raum haben kann. Stell dir vor, dass drei Personen – ein Australier, ein Südafrikaner und ein Argentinier – gemeinsam am Südpol stehen und dann jeder in Richtung seines Kontinentes aufbricht. Obwohl sie verschiedene Richtungen wählen, reist jeder von ihnen nach Norden, da es am Südpol weder Süden noch Osten, noch Westen gibt.

Bitte werfe nun nochmals einen Blick in deinen Spiegel. Er lässt dich manches erkennen, was du nur aus einer räumlichen Distanz wahrnehmen kannst. Schenke dir selbst ein großzügiges Lächeln. Freue dich einfach, dass du bist!

Kleine Rückschau

In diesen drei Kapiteln haben wir über die relative Grundstruktur »räumliche Distanz« philosophiert. Sie trennt Dort von Hier und dich von mir. Erst sie ermöglicht ein Gegenüber und damit etwas so Wunderbares wie Individualität und Beziehung.

Lucy fragt:
Was ist Zeit?

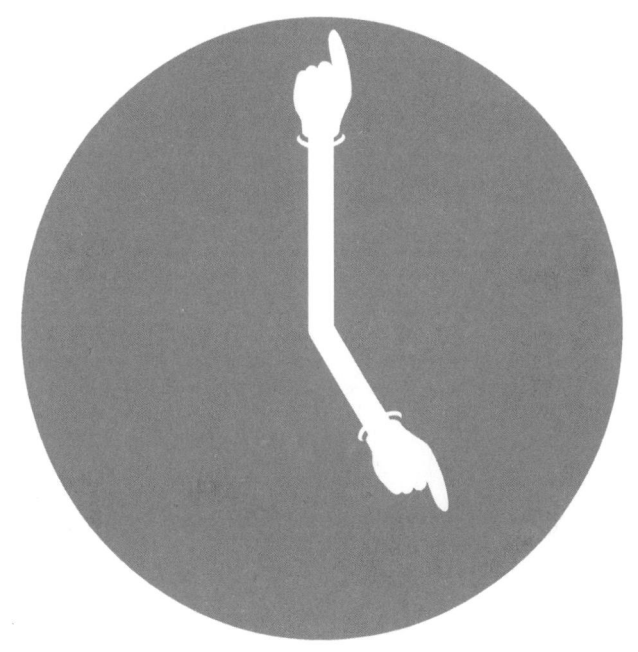

Einstein antwortet:
Was ich an meiner Uhr ablese.

Frage 5: Was ist Zeit?

Bitte lies dir zuerst die folgenden fünf Anweisungen genau durch
und setze sie anschließend in die Tat um.

- Lege mich beiseite.
- Lehne dich zurück.
- Schließe die Augen.
- Erfahre Zeit, ohne die Sekunden zu zählen.
- Beantworte dabei die Frage, was du unter *Zeit* verstehst.

STOPP.
Bitte erst nach dieser kleinen Übung weiterlesen!

Nun bin ich aber neugierig!
Hast du erfahren können, was Zeit ist?
Hast du sie gehört? Wie hört sich Zeit an?
Ist Zeit eine Art Musik? Wie das Ticken einer Uhr?
Aber was soll Zeit dann im geräuschlosen Weltall sein?

Schau dich doch um! Ist das, was du siehst, Zeit? Ist die Drehung
der Zeiger, die in vielen Uhren das Verstreichen von Zeit anzeigt,
Zeit an sich? Oder ist diese Zeit vielleicht nur ein Zusammenspiel
von Unruhe und Zahnrädern in einem Uhrwerk?

Erspüre sie mit deiner Haut! Wie fühlt sich Zeit an?
Schnuppere sie mit deiner Nase! Wie riecht Zeit?
Koste sie mit deiner Zunge! Wie schmeckt Zeit?

42

Persönlich habe ich alles mehrfach ausprobiert, allerdings konnte ich sie weder hören noch sehen, noch fühlen, noch riechen, noch schmecken. Ist Zeit womöglich bloß eine Illusion des Gehirns?

Gewiss übertreibe ich nicht, wenn ich behaupte, dass sich bereits Tausende von Wissenschaftlern bemüht haben, die recht harmlos klingende Frage »Was ist Zeit?« zu beantworten. Von ihnen hat keiner eine Antwort gefunden, die mich befriedigt – bis auf einen jungen Patentanwalt aus der Schweiz: Albert Einstein. Aus seiner Arbeit können wir die folgende Antwort ableiten: *Zeit ist, was ich an meiner Uhr ablese.*[5] Bescheidener geht es kaum.

Trotz aller Bescheidenheit: Einsteins Antwort hat es in sich. Hast du etwas Zeit zur Verfügung, um darüber zu meditieren? Albert schafft mit diesem Satz eine Meisterleistung: In wenigen Worten definiert er Zeit, indem er sie allein auf jene Person bezieht, die wissen möchte, was Zeit eigentlich sei. Zeit ist für *mich* das, was ich an *meiner* Uhr ablese – Zeit ist für *dich* das, was du an *deiner* Uhr abliest. So tickt eine Uhr heute in der Physik. Nicht mehr Zeit, aber auch nicht weniger. Punkt.

Doch was ist eigentlich in den genialen Einstein gefahren, dass er sich nur so bescheiden zum Thema Zeit äußert? Die Abbildung 3 hilft uns, seine Gedanken zu verstehen. Sie zeigt zwei Uhren, die völlig identisch gebaut sind und sich nur darin unterscheiden, wie sie sich relativ zu mir bewegen: Die linke Uhr *ruht* relativ zu mir, die rechte Uhr *bewegt sich* relativ zu mir. Einstein hat behauptet, dass die rechte Uhr allein aufgrund ihrer relativen Bewegung für mich langsamer läuft als die linke Uhr. Damit hat er wohl recht, denn bis heute hat kein Experiment seine Behauptung widerlegen können. Selbst die genaueste Atomuhr läuft für mich langsamer, wenn sie sich relativ zu mir bewegt.

43

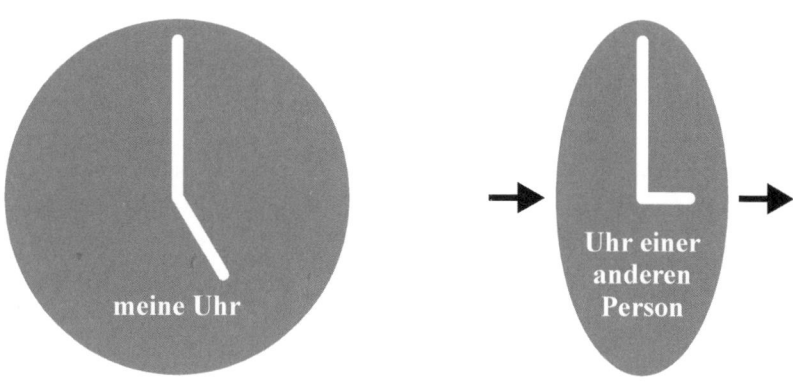

Abb. 3: Ruhende Uhr und bewegte Uhr

Wenn du wissen möchtest, *weshalb* sich das so verhält und nicht anders, dann müssen wir Einsteins Argumentation etwas genauer unter die Lupe nehmen: Eigentlich ging er einfach nur davon aus, dass Licht immer mit konstanter Geschwindigkeit unterwegs ist – mit Lichtgeschwindigkeit! Diese Annahme genügte Einstein, um abzuleiten, dass Zeit nicht absolut sein kann.

Folglich ist »die Zeit« tatsächlich nur eine Illusion:[6] Es existiert allein Zeit bezogen auf dich oder Zeit bezogen auf mich. Das ist eine bedeutende Erkenntnis, mit der sich sogar viele Physiker oft sehr schwer tun. Wenn Zeit nur relativ ist, dann ist nämlich auch unsere Vorstellung von der absoluten Weltzeit bloß eine Illusion. »Die Weltzeit« als eine objektive Größe gibt es somit gar nicht – allerdings existieren für jeden von uns relative zeitliche Distanzen. Der Begriff »zeitliche Distanz« drückt die wichtigste Eigenschaft von Zeit deutlich besser aus als das Wort »Zeit«.

Die Grundstruktur »zeitliche Distanz« ist relativ.

44

Lucy fragt:
Zeitliche Distanz trennt ...?

Lucy antwortet:
Dann von Jetzt, möglich von wirklich.

Weil Zeit relativ ist, können wir die Begriffe »jetzt« und »dann« nicht eindeutig definieren, was die folgende Szene schön beweist: Ich bewege mich jetzt durch den Januar 2008 nach Christi Geburt und formuliere die sechste Antwort dieses Buches. Während ich schreibe, denke ich daran, dass du irgendwann darin lesen wirst. Aus meiner Sicht verfasse ich es *jetzt,* und du wirst es *dann* lesen. Aber aus deiner Perspektive wird mein Dann zu deinem Jetzt, da diese Begriffe nur relativ sind. Obwohl wir äußerst verschiedene Vorstellungen von Dann und Jetzt haben, sind sie beide real; doch was trennt eigentlich Dann von Jetzt?

Ich formuliere diesen Text immer in meinem Jetzt – du wirst ihn immer in meinem Dann lesen. Zwischen Jetzt und Dann liegt eine zeitliche Distanz. *Zeitliche Distanz trennt Dann von Jetzt, folglich auch möglich von wirklich.* Warum? Dass ich das Buch schreibe, weiß ich; es ist ein Teil meiner Wirklichkeit. Wer das Buch lesen wird, ist für mich noch ungewiss. Es besteht nur die Möglichkeit, dass du es lesen wirst. Aus dieser Möglichkeit kann für mich eine Wirklichkeit werden, aber erst nach einer zeitlichen Distanz.

Wir halten fest: Zeitliche Distanz trennt möglich von wirklich. In meinem Leben habe ich häufig die Wahl zwischen verschiedenen Möglichkeiten. Erst wenn ich meine Wahl in einem klitzekurzen Augenblick namens »Gegenwart« – auch Gegenwart ist relativ! – treffe, wird daraus besiegelte Wirklichkeit. Der Quantenphysiker Hans-Peter Dürr hat das wunderbar formuliert: »In der Gegenwart gerinnt Potenzialität (Möglichkeit) zu Realität.«[7] Aus gemachten Fehlern kann ich lernen und mit diesem Wissen etwas Gutes tun, aber ich kann sie niemals ungeschehen machen. Zeitliche Distanz ist sehr nützlich, führt jedoch auch dazu, dass schon Geschehenes vom noch Ungeschehenen getrennt ist. Hast du Zeit schon einmal unter diesem Aspekt betrachtet?

Lucy fragt:
Zeitliche Distanz ermöglicht ...?

Lucy antwortet:
Nacheinander, Potenzialität, Entwicklung.

Bitte lies dir zuerst die folgenden fünf Anweisungen genau durch
und setze sie anschließend in die Tat um.

- Hole dir einen Stift und eine Armbanduhr oder einen Wecker.
- Lege die Uhr auf die Seite nebenan.
- Beobachte das Verstreichen von Zeit auf deiner Uhr.
- Notiere hier die momentane Uhrzeit: _ _ : _ _
- Beginne zu lesen.

Hast du gewusst, dass du jede Sekunde circa fünfhunderttausend
neue Zellen produzierst?[8] Dass pro Minute in etwa 30 Millionen
Zellen in dir absterben und durch 30 Millionen nagelneue Zellen
ersetzt werden? Lass uns weiterrechnen: Das ergibt ungefähr 43
Milliarden an jedem Tag, circa 15 Billionen in jedem Jahr sowie
unvorstellbare 1 000 000 000 000 000 (eine Billiarde!) während
eines einzelnen durchschnittlichen Menschenlebens. Wahnsinn!
Jede Zelle entsteht und lebt, aber muss irgendwann sterben. Also
wirst du bereits eine Billiarde Mal»teilweise« gestorben sein, ehe
du als Organismus das Zeitliche segnest. Deshalb frage ich dich:
Wenn etwas so oft sterben kann, muss es dann nicht irgendetwas
enthalten, was unsterblich ist? Würde dein Ich nur aus sterblichen
Zellen bestehen, die sich dauernd erneuern, wie könntest du dann
heute noch die gleiche Identität besitzen, die du kurz nach deiner
Geburt hattest? Dein Prozessor – das Gehirn – müsste unentwegt
damit beschäftigt sein, deine Vorlieben und dein Wissen von den
absterbenden Zellen auf die neu entstehenden Zellen zu kopieren.
Andernfalls könntest du dich gar nicht kontinuierlich entwickeln.
Abgesehen davon, dass so ein Kopiervorgang die Leistung deines
Gehirns enorm drosseln würde, wäre diese Art von Ich-Erhaltung
sehr ineffizient und fehlerbehaftet. Das Kopieren von allem, was
du liebst und weißt, wäre unnötig, falls diese Informationen *nicht*
an sterbliche Zellen gebunden sind. Dazu später mehr.

Zeit zeichnet sich dadurch aus, dass erst in ihr ein Nacheinander existiert. *Zeitliche Distanz ermöglicht ein Nacheinander.* Da ohne ein Nacheinander nichts potenziell sein kann, *ermöglicht zeitliche Distanz außerdem Potenzialität.* Da sich ohne Potenzialität nichts entwickeln kann, *ermöglicht zeitliche Distanz auch Entwicklung.* Bemerkenswert ist, dass Potenzielles aufgrund der Relativität von Zeit niemals absolut sein kann.

Die Zellen in deinem Körper können sehr verschiedene Aufgaben erfüllen. Die roten Blutkörperchen versorgen dich mit Sauerstoff, die Muskelzellen bringen dich in Schwung, und die Nervenzellen verbinden dich mit der Umwelt. Deine Zellen verfügen über viele potenzielle Mechanismen, um auf äußere Einflüsse zu reagieren.
Jede Zelle strotzt vor Potenzialität!

Unser Beispiel mit den Zellen verdeutlicht besonders schön, was zeitliche Distanz alles bewirken kann: In jeder Minute geschehen 30 Millionen Wunder in dir – neue, lebende Zellen entstehen. Sie wachsen und gedeihen, übernehmen unterschiedliche Funktionen und teilen sich sogar, um neue Zellen zu erzeugen. Auch wenn du es kaum bemerkst: Jede Zelle vollzieht eine Entwicklung!

Nur weil zeitliche Distanz ein Nacheinander erlaubt, wird etwas so Wunderbares möglich wie Potenzialität und Entwicklung. In einer distanzlosen Welt kann es weder das eine noch das andere geben. Doch eine Uhr lässt dich erkennen, dass zeitliche Distanz für dich existiert und dass auch du dich als ein Teil vom Ganzen entwickelst. Selbstverwirklichung könnte dir zwar erstrebenswert erscheinen, aber sie überlebt dich nicht. Da auch du ein Teil vom Ganzen bist, wird der Sinn deines Lebens eher im Ganzheitlichen zu finden sein – beispielsweise im Wirken für andere – und nicht in deiner Selbstverwirklichung.

Zeit allein wertet jedoch nicht. Zeitliche Distanz ermöglicht gute Taten, aber auch schlechte Taten – also das Wirken zum Vorteil oder zum Nachteil anderer Personen. Zeitliche Distanz vermittelt keine konkreten Anhaltspunkte dafür, wie ich mich in Bezug auf zukünftige Generationen zu verhalten habe. So könnte ich nur an mich denken und einer anderen Person oder der Umwelt schaden. Dass ich mich nicht so verhalte, liegt an etwas anderem. Was das ist, will ich jetzt noch nicht verraten. Ich gebe nur einen Hinweis: Gerade weil Zeit gar nicht absolut ist, muss jede zeitliche Distanz die logische Konsequenz von etwas viel Höherem sein.

Zum Abschluss unserer Betrachtung über Zeit habe ich noch ein kleines Bonbon für deinen Gaumen: Mit ihm darfst du erfahren, welch einen künstlichen Beigeschmack Zeit haben kann. Stell dir vor, dass drei Personen – ein Australier, ein Südafrikaner und ein Argentinier – zum Südpol reisen, ein jeder von seinem Kontinent aus. Für den Australier sei es 13 Uhr, für den Südafrikaner 5 Uhr und für den Argentinier 0 Uhr. Da jeder nur nach Süden reist, ist die lokale Uhrzeit am Südpol zugleich 0 Uhr, 5 Uhr und 13 Uhr.

Bitte schaue nun auf deine Uhr und notiere die Uhrzeit: _ _ : _ _ Wie viele Minuten sind vergangen, seit du begonnen hast, dieses Kapitel zu lesen? Multipliziere diese Zahl mit 30 Millionen, und du erfährst, wie viele neue Zellen inzwischen in dir wirken. Alle sehnen sich noch danach, endlich von dir begrüßt zu werden!

Kleine Rückschau

In diesen drei Kapiteln haben wir über die relative Grundstruktur »zeitliche Distanz« philosophiert. Sie trennt Dann von Jetzt und möglich von wirklich. Erst sie ermöglicht ein Nacheinander und damit etwas so Wunderbares wie Potenzialität und Entwicklung.

Wetten, dass ...?

Schon im Buch *Lucy im Licht*[9] bin ich mit all meinen Leserinnen und Lesern eine Wette eingegangen. Ich hatte gewettet, dass sich, ausgehend von uns allen, etwas naturwissenschaftlich Reales mit Lichtgeschwindigkeit durch unser Universum bewegt. Die Wette sorgte damals für viel Verblüffung und löste ein äußerst positives Feedback aus. Darum habe ich mich entschieden, dir hier wieder eine Wette vorzuschlagen. Meine neue Wette übertrifft alles, was ich, Lucy, bislang an Gedanken formuliert habe. Sie würde umso mehr Frieden in die Welt bringen, je mehr Menschen sich an der Wette beteiligen. Unsere Welt wäre sicher wesentlich friedvoller, wenn alle wüssten, dass Gott existiert.

Die Wette
Ich wette, dass ich dir einen glaubwürdigen Hinweis
auf die Existenz desjenigen Gottes geben kann,
den mein Autor auf Seite 15 definiert hat.

Ich beschränke mich also auf die Definition: Gott = das Absolute. Hier ist mein Wetteinsatz: Wenn du den Hinweis unglaubwürdig findest – ich somit meine Wette verliere – und wenn du mich per E-Mail *(Lucy@Lucys-Vermaechtnis.de)* darüber informierst, bin ich bereit, den gesamten Kaufpreis deines Buches an die *Stiftung Lucys Kinder* zu spenden. Ausführliche Informationen über diese Stiftung findest du am Buchende. Solltest du gegen mich wetten, darfst du dir selbst einen angemessenen Wetteinsatz überlegen.

STOP.
Bitte entscheide dich jetzt, ob du mit mir oder gegen mich wetten möchtest – auch wenn ich dir den Hinweis erst zu einem späteren Zeitpunkt präsentieren werde. Das erhöht die Spannung!

Lucy fragt:
Für Materie ist alles ...?

Lucy antwortet:
Räumlich und zeitlich strukturiert.

Nachdem wir uns mit den Grundstrukturen der Welt – räumliche und zeitliche Distanz – befasst haben, widmen wir uns nun ihren zwei Grundstoffen: Materie und Licht. Unter Materie wollen wir stets massebehaftete Objekte verstehen. Das Licht betrachten wir dagegen als masselos. Insbesondere möchte ich betonen, dass ich nicht danach frage, *was* Materie eigentlich ist, wie ich es noch bei Raum und Zeit getan habe. Stattdessen frage ich, *wie* unsere Welt aus der Perspektive von Materie ist. Natürlich habe ich dafür gute Gründe: Erstens spielt die Wahl der Perspektive im ganzen Buch eine wichtige Rolle. Zweitens haben sich schon die griechischen Naturphilosophen vor 2500 Jahren vergeblich bemüht, dasjenige zu finden, woraus Materie besteht. Für Thales war es das Wasser, für Anaximander das Unbegrenzte, für Anaximenes die Luft, für Pythagoras die Zahl, für Heraklit das Feuer und für Empedokles sogar eine Kombination aus Feuer, Erde, Wasser und Luft.[10] Nur wenig später etablierte Demokrit sein materialistisches Weltbild, das sich im Kern bis heute gehalten hat. Für ihn besteht die Welt nur aus leerem Raum und *Atomen* (auf Deutsch: die Unteilbaren).

Heute stellen wir uns Materie immer noch zusammengesetzt aus Atomen vor, jedoch gelten diese Atome nicht mehr als unteilbar: Sie bestehen aus vielen leichten Elektronen und einem schweren Atomkern, Letzterer aus Protonen und Neutronen, diese wiederum aus verschiedenen Quarks. Schwere Atomkerne können zerfallen und dabei noch viele zusätzliche Elementarteilchen erzeugen. Es liegt nahe, Materie mit den vier bekannten Grundkräften – starke Kraft, elektromagnetische Kraft, schwache Kraft, Gravitation – in Verbindung zu bringen. Noch im 20. Jahrhundert hatte die Physik insgeheim gehofft, dass sie mit sehr aufwendigen Beschleunigern irgendwann die vier Grundkräfte vereinheitlichen könne und dann endlich eine komplette Liste aller potenziellen Elementarteilchen in Händen halte. Diese Hoffnung wird inzwischen nicht mehr von allen Physikern geteilt, weil die Stringtheorie[11] – eine Theorie, in die sehr viele Erwartungen gelegt wurden – mit ihren Annahmen alles noch zusätzlich kompliziert. Meines Erachtens hat niemand diese Misere besser beschrieben als der brillante Physiker Werner Heisenberg:»Durch immer kleinere Einheiten gelangen wir nicht zu grundlegenden oder unteilbaren Einheiten – wohl aber an eine Stelle, an der Teilung keinen Sinn mehr hat.«[12] Heisenberg meint damit, dass Raum und Zeit bei Werten unterhalb der sogenannten *Plancklänge* und *Planckzeit* – nämlich etwa 10^{-35}m und 10^{-44}s – eine Art Schaumstruktur besitzen, die sich nicht mehr unterteilen lässt. Darum werden wir mit noch größeren Beschleunigern nicht unser Naturverständnis vertiefen. Im Gegenteil: Solche Versuche können uns gar nicht die elementarste Ebene der Natur verraten, weil wir jedes Materieteilchen – so winzig es für uns sein mag – quantenphysikalisch ebenso als eine Welle betrachten dürfen, die sich im *gesamten* Universum ausbreitet.[13] Von wegen elementar! Die Quantenphysik verlangt geradezu nach einer ganzheitlichen und nicht nach einer analytischen Betrachtungsweise.

Meines Erachtens besteht ein großes Manko moderner Theorien über Materie darin, dass sie über die Grundstrukturen räumliche und zeitliche Distanz hinaus noch viele zusätzliche Dimensionen postulieren, die angeblich für uns verborgen seien. Ich habe den Standpunkt, dass wir mit solchen Theorien nicht das Wesen von Materie erklären können, sondern das Problem bloß verlagern – nämlich hin zu einer Spekulation über unbekannte Dimensionen. Jede weitere Dimension kompliziert das Universum und bewirkt eine zusätzliche Trennung. Das Wort»Dimension« stammt vom lateinischen Begriff *dimensio* ab (auf Deutsch: Ausmessung oder Einteilung). Das Lineal teilt Raum in Meter und Zentimeter ein, die Uhr teilt Zeit in Stunden und Minuten ein. Folglich sind mit jeder Dimension auch Distanz und Trennung verbunden.

Mit meinen Antworten verfolge ich ein wesentlich höheres Ziel: nicht unsere Welt trennen, sondern verbinden – nicht zusätzliche Dimensionen postulieren, sondern bestehende überwinden. Auch die esoterische Vorstellung von vielen sogenannten *Astralebenen* halte ich für unglaubwürdig. Für mich hängt die Glaubwürdigkeit eines Weltbildes eng mit seiner Einfachheit zusammen. Ich kann mir unsere Welt am einfachsten als Ganzheit vorstellen und nicht als Mix aus einer magischen Zahl von Astralebenen oder als Mix aus genau elf physikalischen Dimensionen.[14] Einfachheit ist stets mit einer hohen Symmetrie verknüpft, die sich uns überall in der Natur offenbart,[15] beispielsweise im Aufbau von Atomen, Zellen, Schneeflocken, Pflanzenblüten, Bienenwaben, Sonnensystemen. Die meisten Naturwissenschaftler erfasst Ehrfurcht und Staunen angesichts der logischen Eleganz und vollendeten Schönheit von Mutter Natur. Du hast richtig gelesen: Alle Naturgesetze strahlen neben ihrer Logik auch noch etwas anderes aus, das aber nur mit intuitivem Denken erfahrbar ist: Schönheit! Nach diesem Exkurs komme ich nun zur Frage: Für Materie ist alles ...? Sie lässt sich einfacher beantworten als die komplizierte Frage nach dem Was.

***Für den Grundstoff Materie ist alles
räumlich und zeitlich strukturiert.***

***Etwas ist räumlich und zeitlich strukturiert,
wenn es ein Gegenüber und ein Nacheinander hat.***

Für Materie befindet sich alles an irgendeinem Ort und hat dort ein Gegenüber. Für sie befindet sich zudem alles in irgendeinem Moment und hat dann ein Nacheinander. Materie selbst hat eine räumliche Ausdehnung und ist zeitlich vergänglich. Sie kann aus Licht oder aus anderer Materie entstehen – und in diese zerfallen. Sogar das Licht verändert sich aus der Perspektive von Materie.

Da Materie selbst räumlich und zeitlich strukturiert ist, unterliegt sie mit ihren räumlichen und zeitlichen Veränderungen derselben Relativität, die auch für Raum und Zeit gilt. Allerdings ist uns die relative Geschwindigkeit von Materie deutlich geläufiger als die Relativität von Raum und Zeit: Zwei Autofahrer, die verschieden schnell ein drittes Auto – ein Stück Materie – überholen, werden seine Geschwindigkeit unterschiedlich einschätzen. Ich verzichte darum sowohl bei Raum und Zeit als auch bei Materie bewusst – und ganz im Gegensatz zum anderen Grundstoff Licht! – auf den bestimmten Artikel. Im Universum hat nur eine Geschwindigkeit für alle Beobachter den gleichen Wert: die Lichtgeschwindigkeit. Diese Geschwindigkeit ist jedoch für Materie unerreichbar, weil sich ihre Masse einer Beschleunigung so massiv widersetzt, dass ein unendlich großer Energievorrat erforderlich wäre, um sie auf Lichtgeschwindigkeit zu bringen.

Dieser Moment ist geeignet, um über weitere Konsequenzen von Relativität nachzudenken. Gemäß unserer Definition bezeichnen wir alles das als relativ, was nur unter Bedingung wahr ist. Dazu zählen insbesondere die Länge eines Objekts, die Zeitdauer eines Vorgangs und auch die Geschwindigkeit von Materie. Weil jeder Beobachter einen anderen Messwert dafür bestimmen kann, gibt es in Bezug auf diese Werte keine absolute Wahrheit. Relativität führt demnach zu zwei äußerst bemerkenswerten Konsequenzen: *Sie gibt mehreren Perspektiven recht, kann aber aus ebendiesem Grund keine davon bevorzugen.* Ich persönlich glaube, dass diese Erkenntnis nicht allein für physikalische Messwerte gilt, sondern auch auf viele Werte im täglichen Leben übertragbar ist. Solange es sich um relative Werte handelt, wird es nie gelingen, zwischen Richtig und Falsch zu unterscheiden – das trifft insbesondere auf materielle Werte zu. Wer den materiellen Verlockungen in dieser Welt verfallen ist, mag also Freude daran haben. Für andere mag

eine solche Abhängigkeit verwerflich sein. Entscheidend ist, dass
jeder Lebensstil aufgrund seiner eigenen Relativität zu tolerieren
ist, solange er sich nicht für absolut erklärt und die Freiheit eines
anderen verletzt. Das Gleiche gilt für jede religiöse Überzeugung,
weil sie eng mit dem individuellen Lebensstil verbunden ist.

Allein die Tatsache, dass alle materiellen Werte vergänglich sind,
ist aber äußerst lehrreich. Sie kann uns nämlich sehr dabei helfen,
die vielleicht wichtigste Frage im Leben zu beantworten: Möchte
ich mein Leben ausschließlich am Vergänglichen orientieren oder
auch am Unvergänglichen? Möchte ich wirklich nur nach Werten
mit Verfallsdatum streben oder auch nach den absoluten Werten?
Wer sich stets für die Vergänglichkeit entscheidet, wird – wie ich
schon bald erläutern werde – spätestens im Sterben erkennen, wie
vergänglich sein gesamter Lebensinhalt ist. Alles ist dann einfach
futsch und vorbei; so schnell kann das (ver)gehen! Nur wer sein
Leben nicht am Vergänglichen orientiert, darf zuversichtlich sein,
dass sein Lebensinhalt in die Ewigkeit eingeht. Hinweise hierauf
werde ich dir in Kürze präsentieren.

Schon der folgende Gedanke kann uns nachdenklich machen: Die
Natur selbst verrät uns mit vielen Zeichen, wie unbedacht ein rein
materialistischer Standpunkt wäre. In der Relativitätstheorie sind
Raum, Zeit, Masse und Energie sehr eng miteinander verflochten.
Sich bloß für das Materielle zu entscheiden, würde demnach eine
enorme Einschränkung bedeuten. Obendrein – als wäre das nicht
genug – lehrt uns auch noch die Quantenphysik, dass kein Objekt
in dieser Welt isoliert betrachtet werden darf, sondern dass »alles
mit allem zusammenhängt«.[16] Auch hierin zeigt sich wieder, dass
die Welt ganzheitlich gedacht werden muss und nicht analytisch.
Wer meint, mit einer Liste von materiellen Elementarteilchen die
ganze Welt erklären zu können, denkt wohl zu einseitig.

Lucy fragt:
Materie trennt ...?

Lucy antwortet:
Räumlich von zeitlich.

Meine beiden Fragen Nr. 3 und Nr. 6 waren sehr aufschlussreich. Darum wähle ich die gleiche Formulierung für Materie: »Materie trennt ...?« Bevor ich die Frage beantworte, befasse ich mich mit dem Verhältnis zwischen Raum, Zeit und Materie. Nach Antwort Nr. 8 ist für Materie alles räumlich und zeitlich strukturiert. Voll spannend wird es allerdings erst, wenn wir uns überlegen, ob sich Raum, Zeit und Materie gegenseitig bedingen oder nicht. Sollten sich nämlich Raum, Zeit und Materie nicht gegenseitig bedingen, müssen sie einer anderen – übergeordneten – Quelle entspringen. In Bezug auf Raum, Zeit und Materie gibt es vier Möglichkeiten.

- Raum und Zeit sind dasselbe wie Materie.

- Raum und Zeit sind die Quelle von Materie.

- Materie ist die Quelle von Raum und Zeit.

- Raum und Zeit sind verschieden von Materie, aber keines davon ist die Quelle des anderen.

Dass Raum und Zeit dasselbe sind wie Materie, schließe ich aus, weil ich weder die Energie noch die Masse eines Stücks Materie an einem Lineal oder einer Uhr ablesen kann. Können Raum und Zeit die Quelle von Materie sein? Auch das glaube ich nicht, weil Einstein uns lehrt, dass zwischen der Energie E und der Masse m eines Stücks Materie eine wichtige Äquivalenz besteht: $E = mc^2$, wobei c die Lichtgeschwindigkeit ist.[17] Somit könnten Raum und Zeit nur dann die Quelle von Materie sein, wenn sie zugleich alle materielle Energie bereitstellen, also ein riesiger Energiespeicher sind. Ich halte es aber für unwahrscheinlich, dass das, was ich an einem Lineal oder einer Uhr ablese, Energie speichern kann.

Energie und Masse sind äquivalent: $E = mc^2$.

Ist Materie womöglich die Quelle von Raum und Zeit? Immerhin behauptet Einstein in der Relativitätstheorie, dass Raum und Zeit durch Masse und Energie – die beiden wichtigsten Eigenschaften von Materie – gekrümmt werden: Raum wird verbogen, Zeit wird verlangsamt. Am Rand eines sogenannten *schwarzen Lochs,* das eine extrem hohe Massendichte aufweist, bleibt Zeit ganz stehen. Dennoch ist Materie nicht die Quelle von Raum und Zeit. Wenn das der Fall wäre, so dürfte ohne Materie weder Raum noch Zeit existieren. Die Physik geht aber davon aus, dass es die *Raumzeit,* ein Gefüge aus Raum und Zeit, bereits vor aller Materie gab.

Am plausibelsten scheint mir deswegen der vierte Ansatz zu sein: Raum und Zeit sind verschieden von Materie, aber keines davon ist die Quelle des anderen. In diesem Fall müssen Raum, Zeit und Materie einer übergeordneten Quelle entspringen. Welche das ist, werden wir etwas später erfahren. Einstein zufolge wechselwirkt die Raumzeit mit Masse und mit Energie: Einerseits bestimmt die Raumzeit die Veränderung von Masse und Energie. Andererseits verändern Masse und Energie die Raumzeit – wie oben erwähnt. Also verursachen sich Raum, Zeit und Materie nicht gegenseitig, sondern sie wirken aufeinander. Unser heutiges Verständnis von Raum, Zeit und Materie haben wir in erster Linie Albert Einstein und der Relativitätstheorie zu verdanken. Die Raumzeit ist keine geheimnisvolle Konstruktion. Eigentlich besagt sie nur, dass sich alle Objekte stets verändern. Die Veränderung kann räumlich als eine Bewegung erfolgen und/oder zeitlich als ein Altern. In den meisten Fällen geschieht beides; nur dasjenige, was relativ zu mir ruht, bewegt sich nicht, und nur dasjenige, was sich relativ zu mir mit Lichtgeschwindigkeit bewegt, altert nicht.[18] Ob sich Objekte räumlich oder zeitlich verändern, hängt von der Geschwindigkeit ab, die sie relativ zu meinem materiellen Körper haben. *Folglich trennt Materie räumlich von zeitlich.*

Bleiben wir noch etwas bei Einsteins berühmter Formel $E = mc^2$. Die Gleichung sagt aus, dass die Energie der Masse und zugleich dem Quadrat der Lichtgeschwindigkeit proportional ist. Dieses c^2 hat es in sich: Eigentlich kommt es nur durch das konventionelle Einheitensystem der Physik in die Formel. Wir könnten also auch $E = m$ schreiben und das c^2 mit E oder m verrechnen. Der Faktor $c^2 \approx 90\,000\,000\,000$ km^2/s^2 ist dabei so gewaltig groß, dass jedes Stück Materie eine riesige Energiemenge in Form von Masse mit sich tragen muss. Deswegen bezeichnet der Physiker Paul Davies Materie auch als *eingesperrte Energie*.[19] Sie ist eingesperrt, weil sie sich nur mit hohem Aufwand in einen anderen Energiezustand transformieren lässt. Ein kleines Beispiel: Wenn ich ein Auto bei voller Fahrt abbremse, wird Bewegungsenergie in Wärmeenergie verwandelt; die Bremsscheiben werden beim Bremsen heiß. Die Masse eines Elektrons kann ich nicht auf ähnliche Art in Wärme verwandeln, indem ich seine Bewegung abbremse. Die in einem Elektron eingesperrte Energie wird erst frei, wenn ich das ganze Elektron vernichte, indem ich es mit seinem Antiteilchen – dem sogenannten *Positron* – kollidieren lasse.

So unscheinbar Einsteins kleine Formel $E = mc^2$ erscheinen mag: Sie ist die Grundlage für alles Werden und Vergehen im Kosmos.
Beispielsweise ist die von der Sonne abgestrahlte Energie nichts anderes als diejenige Masse, welche durch Kernfusion in Energie verwandelt wird. Da unsere Sonne heute eine Leistung von etwa $3{,}8 \times 10^{26}$ Watt abstrahlt, wird sie ungefähr 4,3 Millionen Tonnen pro Sekunde leichter.[20] Dieser Verlust fällt aufgrund der enormen Sonnenmasse von etwa $2{,}0 \times 10^{27}$ Tonnen aber kaum ins Gewicht. Möglich ist auch der umgekehrte Prozess, dass Energie in Masse verwandelt wird. Die von Albert Einstein postulierte Äquivalenz $E = mc^2$ zwischen Energie und Masse ist wohl *das* fundamentale Prinzip in unserem Universum.

Lucy fragt:
Materie ermöglicht ...?

Lucy antwortet:
Stoffwechseln, Fühlen, Lernen.

Frage 10: Materie ermöglicht ...?

Bisher haben wir uns nur auf einer speziellen Ebene mit Materie auseinandergesetzt – nämlich mit ihrem Verhältnis zu Raum und Zeit. Materie ist jedoch auch ein Oberbegriff für alle unbelebten und belebten Objekte in unserer Welt. Atome gelten heute zwar nicht mehr als unteilbar, sie bilden aber immer noch die kleinsten spezifischen Einheiten von Materie. Physikalische Eigenschaften von Materie – wie die Dichte oder die elektrische Leitfähigkeit – hängen entscheidend davon ab, aus welchen Atomen sie besteht. Verantwortlich für die Eigenschaften von Materie ist also weder ein einzelnes Elektron, Proton, Neutron noch ein Quark, sondern die Ganzheit »Atom«. Ein Atom, das in seine Bestandteile zerlegt wird, verliert all seine Eigenschaften. Daraus können wir folgern, dass das ganze Atom weit mehr ist als die Summe seiner Teile. In diesem ganzheitlichen Gedanken steckt eine enorme Sprengkraft, denn Atome sind für unbelebte Objekte dasselbe, was Zellen für belebte Objekte sind: In beiden Fällen handelt es sich um kleinste spezifische Einheiten. Eine Zelle, die in ihre Bestandteile zerlegt wird, verliert ebenso all ihre Eigenschaften. Auch die ganze Zelle ist somit weit mehr als die Summe ihrer Teile. Verantwortlich für die Eigenschaften einer Zelle ist folglich nicht mehr ein einzelnes Atom, sondern die Ganzheit »Zelle«.

Was haben Atome und Zellen gemeinsam, und wie unterscheiden sie sich? Sowohl Atome als auch Zellen entstehen und vergehen. Sowohl Atome als auch Zellen besitzen einen spezifischen Kern. Dieser Kern beinhaltet alle relevanten Informationen eines Atoms oder einer Zelle. Durch die Atomhülle beziehungsweise durch die Zellmembran sind Atome und Zellen geschützt und zugleich mit ihrer Umgebung verbunden. Atomkerne entstehen oder vergehen durch Fusion, Spaltung oder Zerfall. Typische Beispiele sind die Kernfusion von Wasserstoff zu Helium im Inneren der Sonne, die Kernspaltung von Uran in einem Atomkraftwerk oder der Zerfall

64

von Kohlenstoff bei der fossilen Altersbestimmung. Ist es Zufall, dass auch Zellkerne fusionieren, sich teilen oder zerfallen? Wenn die Kerne von Eizelle und Samenzelle fusionieren, entsteht neues Leben. Wenn sich ein Zellkern teilt, entstehen neue Zellen. Wenn eine Zelle den Stoffwechsel einstellt und zerfällt, stirbt sie.

Alle Zellen bestehen aus vielen Atomen, doch wie unterscheiden sich Atome und Zellen eigentlich in ihrer Funktion? Zwischen A wie »Atom« und Z wie »Zelle« liegen nicht bloß 24 Buchstaben, sondern Welten. Zwar kann ein Atom Energie aufnehmen, tragen oder abstrahlen, jedoch geschehen all diese Vorgänge immer nur passiv – also ohne eine antreibende Steuerung. Eine Zelle besitzt dagegen neben Zellkern und Zellmembran noch viele zusätzliche Strukturen, die hauptsächlich dazu dienen, gezielten Stoffwechsel zu betreiben und die hiermit gewonnene Energie aktiv zu nutzen. Zellen erzeugen Energie, speichern diese und setzen sie aktiv um. Dabei fungiert der Zellkern als Steuerzentrale. Der Stoffwechsel macht den kleinen – aber feinen – Unterschied zwischen belebter und unbelebter Materie. Er beruht auf einem höchst intelligenten Zusammenspiel von vielen Atomen. Mein eigener Körper ist das beste Beispiel: *Materie ermöglicht es mir zu stoffwechseln.*

Was hätte eine Zelle davon, wenn sie nur stoffwechselt und dabei Energie umsetzt? Nichts! Sie wäre dann die Energieschleuder *par excellence.* Zellen leben aber nie einfach vor sich hin, sondern sie kommunizieren dauernd mit ihrer Umwelt. Selbst der primitivste Einzeller muss über Möglichkeiten der Kommunikation verfügen, damit er sich ernähren und zu einem für ihn geeigneten Zeitpunkt fortpflanzen kann. Jede Art von Kommunikation setzt ein Fühlen voraus, aber fühlen kann ich nur mit materiellen Sensoren. Meine eigenen Sinnesorgane sind das beste Beispiel: *Materie ermöglicht es mir zu fühlen.*

Wir alle lernen. Sei ehrlich – hattest du bereits vor Antwort Nr. 7 gewusst, wie viele neue Zellen du pro Minute produzierst? Beim Lesen kann ich Neues lernen, weil ich über viele Zellen verfüge, die mich das Gelesene verstehen lassen. Mein eigenes Gehirn ist das beste Beispiel: *Materie ermöglicht es mir zu lernen.*

Das Lernen ist ein wichtiger Prozess, der das Fühlen ergänzt. Zu fühlen, ohne zu lernen, wäre wie ein Lesen ohne Gedächtnis. Das Gefühlte – oder das Gelesene – wäre nicht von Dauer, würdest du es nicht zugleich lernen. Auch ein Verstehen wäre in diesem Fall nicht möglich. Wer in dieser Welt etwas verstehen möchte, muss fähig sein, zu fühlen *und* zu lernen.

Am Anfang dieses Kapitels haben wir über Ganzheit gesprochen: Ein Atom ist eine Ganzheit, eine Zelle ist eine Ganzheit. Welches ist das nächste Glied in dieser Gedankenkette? Darauf möchte ich hinaus! Viele Teilchen formen zusammen ein Atom, viele Atome formen zusammen eine Zelle, viele Zellen formen zusammen ein komplexes Lebewesen, beispielsweise eine Pflanze, ein Tier oder einen Menschen. Auch ein sehr komplexes Lebewesen bildet eine Ganzheit, die weit mehr ist als die Summe ihrer Teile – also weit mehr als die Summe all ihrer Atome oder Zellen. Dieses »Mehr« kann aber nicht materiell sein, weil es sonst schon in der Summe enthalten wäre. Folgerichtig ist das »Mehr« immateriell und darf sich in Antwort Nr. 15 über einen würdigeren Namen freuen.

Kleine Rückschau

In diesen drei Kapiteln haben wir über einen Grundstoff der Welt philosophiert: Materie. Für Materie ist alles räumlich und zeitlich strukturiert, sie trennt räumlich von zeitlich, doch erst Materie ermöglicht ein Stoffwechseln, Fühlen und Lernen.

Lucy fragt:
Für das Licht ist alles ...?

Lucy antwortet:
Räumlich und zeitlich distanzlos.

Wie im Fall von Materie frage ich, *wie* die Welt für das Licht ist, und nicht, *was* das Licht ist. Viele Physiker haben sich schon den Kopf zerbrochen, was das Licht eigentlich sei. Das Licht an sich ist quantenphysikalisch weder ein Teilchen noch eine Welle, aber zu unserer Veranschaulichung ziehen wir gerne diese zwei Bilder heran.[21] Was das Licht wirklich ist, lässt sich mit solchen Bildern jedoch nicht begreifen, da sich sowohl Teilchen als auch Wellen stets auf etwas räumlich und zeitlich Strukturiertes beziehen. Das Licht kann sich uns zwar im Experiment als ein Teilchen oder als eine Welle zeigen, aber in Wirklichkeit ist das Licht ... wie wäre es mit: pure Energie? Selbst diese Antwort ist aus physikalischer Sicht nicht korrekt. Das Licht trägt Energie, aber es ist nicht pure Energie, da es auch andere physikalische Größen – wie Impuls – mit sich trägt. Nicht einmal Einstein hat es geschafft, das Wesen des Lichts zu ergründen:»Fünfzig Jahre intensiven Nachdenkens haben mich der Antwort auf die Frage ›Was sind Lichtquanten?‹ nicht näher gebracht. Natürlich bildet sich heute jeder Wicht ein, er wisse die Antwort. Doch da täuscht er sich.«[22] Daher stelle ich gar nicht erst die Frage, *was* das Licht eigentlich ist, sondern *wie* die Welt für das Licht ist. Hier kommt meine Antwort.

Für den Grundstoff Licht ist alles
räumlich und zeitlich distanzlos.

Etwas ist räumlich und zeitlich distanzlos,
wenn es kein Gegenüber und kein Nacheinander hat.

Raum und Zeit bilden ein untrennbares Duo in der Physik. Auch räumliche und zeitliche Distanzlosigkeit sind nur im Doppelpack zu haben. Aber wieso soll für das Licht alles ohne ein Gegenüber und ohne ein Nacheinander sein? Hierzu betrachten wir nochmals die Abbildungen 2 und 3. Ein bewegtes Lineal ist für mich kürzer, eine bewegte Uhr läuft für mich langsamer; und im Grenzfall der Bewegung mit Lichtgeschwindigkeit schrumpfen alle räumlichen und zeitlichen Distanzen auf den Wert null. Darum gibt es für das Licht weder ein Gegenüber noch ein Nacheinander. Für das Licht ist alles losgelöst von räumlicher oder zeitlicher Struktur. Schon früher ist uns das Wort »losgelöst« begegnet – als das lateinische *absolutum*. Etwas ist absolut, wenn es ohne Bedingung wahr ist. Physiker glauben, dass die Lichtgeschwindigkeit absolut ist: eine Naturkonstante. Diese Annahme lässt sich nicht beweisen, da wir nicht die Geschwindigkeit von allem Licht nachmessen können.

Die Lichtgeschwindigkeit ist eine Naturkonstante.

Wow! Physiker halten das Licht also für etwas Absolutes; etwas, das bedingungslos wahr ist. Kannst du bereits erraten, worauf ich hinauswill? Auf meine Wette: Weil das Licht absolut ist, erfüllt es die Definition von Gott auf Seite 15. Hieraus folgt: *Wenn das Licht real ist, existiert auch Gott.* Dass das Licht eine Realität ist, kannst du in einem einfachen Experiment selbst erfahren: Zünde einfach eine Kerze an. Kannst du sehen, wie es heller wird? Oder kannst du fühlen, wie es wärmer wird? Wenn Gott das Absolute ist, dann können wir ihn sogar mit unseren Sinnesorganen spüren. Habe ich mit diesem Hinweis auf Gott meine Wette gewonnen – oder nicht? Wie zuvor angekündigt, ist es »nur« ein Hinweis auf den absoluten Gott, nicht auf den persönlichen Gott.

Vielleicht wendest du jetzt ein, wie für das Licht alles distanzlos sein kann, wenn es doch ungefähr acht Minuten benötigt, um die Distanz von etwa 150 Millionen Kilometer zwischen Sonne und Erde zurückzulegen. Meine Antwort darauf ist – relativ! – leicht: Weil Raum und Zeit nur relativ sind, müssen auch die genannten Zahlenwerte relativ sein. Sie gelten nur für uns auf der Erde. Aus

unserer Perspektive legt das Licht zwischen Sonne und Erde eine
räumliche und eine zeitliche Distanz zurück. Unsere Vorstellung
von Raum und Zeit lässt sich aber nicht auf das Licht übertragen.
Für das Licht gibt es gar keinen Flug von der Sonne bis zur Erde,
da es weder räumliche noch zeitliche Distanzen kennt. Das Licht
befindet sich sowohl auf der Sonne als auch auf der Erde. Dabei
handelt es sich nicht um Zauberei, sondern um eine Konsequenz
der Relativitätstheorie von Albert Einstein: Die Distanz zwischen
Sonne und Erde hat für das Licht den Wert null.

Darf ich mit Ehrlichkeit bei dir punkten? Ich war viele Jahre fest
davon überzeugt, dass für das Licht alles raumlos und zeitlos sei.
Ich hatte diese Begriffe damals leider nicht derart hinterfragt und
definiert, wie ich das heute für notwendig halte. Ich entschuldige
mich jetzt dafür. Am wichtigsten ist, dass wir stets unsere Fehler
eingestehen, damit wir auch aus ihnen lernen können. Zu meiner
Entschuldigung bringe ich vor, dass mein Irrtum für uns alle sehr
lehrreich sein dürfte. Für das Licht ist alles distanzlos – also nicht
raumlos und zeitlos –, aber kaum jemand unterscheidet zwischen
diesen Begriffen. Schuld daran ist auch die Umgangssprache, wie
das Beispiel der »zeitlosen Mode« beweist. Sie lässt sich nämlich
nicht zu keiner Zeit – nie – tragen, sondern kennt keine zeitliche
Veränderung. Die Formulierung »zeitlich distanzlose Mode« ist
zwar umständlicher, aber sprachlich korrekter. Sie lässt nicht den
Fehlschluss zu, dass diese Mode nie modern wäre, sondern stellt
klar, dass sie nur keine zeitliche Veränderung kennt. Wir tappen
gerne in diese Sprachfalle, weil auch in Raum- und Zeitlosigkeit
weder ein Gegenüber noch ein Nacheinander existiert. Dennoch
gibt es einen gravierenden Unterschied: Das Licht ist sichtbar in
Raum und Zeit – Distanzlosigkeit bedeutet nicht, dass Raum und
Zeit aufgehoben sind. Etwas Raum- und Zeitloses kann nur noch
im Nirgendwo und Nirgendwann sein – es wäre schlicht weg!

Lucy fragt:
Das Licht verknüpft ...?

Lucy antwortet:
Räumlich mit zeitlich.

Kosmologen schätzen, dass unser Universum vor 13,7 Milliarden Jahren im sogenannten *Urknall* entstanden ist.[23] Wichtiger Zeuge dafür ist die kosmische Hintergrundstrahlung, die damals erzeugt wurde und seither eine Entfernung von Lichtgeschwindigkeit mal 13,7 Milliarden Jahren – entspricht 13,7 Milliarden Lichtjahren – zurückgelegt hat. Ein Lichtjahr ist gerade die Entfernung, die das Licht pro Jahr zurücklegt – exakt 9 460 730 472 580 800 Meter. Nichts breitet sich schneller aus als das Licht. Deshalb gehen die Kosmologen davon aus, dass der Radius des Universums in etwa 13,7 Milliarden Lichtjahre beträgt. Unser Universum reicht genau so weit, wie sich das Licht seit dem Urknall ausbreiten konnte.

Das Licht bewegt sich mit exakt 299 792 458 Meter pro Sekunde. Mit dieser Geschwindigkeit spannt es unseren Kosmos – ein Netz aus Raum und Zeit – auf. Aber das ist noch nicht alles: Das Licht hebt Raum und Zeit nicht nur aus der Taufe, sondern setzt sie mit seiner Geschwindigkeit gleich noch in ein bestimmtes Verhältnis zueinander. *Also verknüpft das Licht räumlich mit zeitlich.* Nach Antwort Nr. 8 sind wir räumlich und zeitlich strukturiert, da wir einen materiellen Körper besitzen, der nie Lichtgeschwindigkeit erreichen kann. Nach Antwort Nr. 9 ist unser Körper auch schuld daran, dass wir Raum und Zeit als voneinander getrennte Sphären empfinden. Das Licht ist zu schnell, um es zu (be)greifen! Dazu zwei kleine Beispiele: Für die rund vierhunderttausend Kilometer vom Mond bis zur Erde braucht das Licht nur etwa 1,3 Sekunden, für die 150 Millionen Kilometer von der Sonne bis zur Erde rund acht Minuten. Einstein konnte die Relativität von Raum und Zeit allein aus der konstanten Lichtgeschwindigkeit ableiten. Hieraus folgt, dass das Licht die Relativität von Raum, Zeit und Materie mit seiner absoluten Geschwindigkeit *erzwingt*. Auf diese Weise schafft das Licht den ganzen Spielraum für unsere Existenz. Die Lichtgeschwindigkeit bildet für alle Materie eine unerreichbare natürliche Barriere und bewirkt so die Vergänglichkeit von allen materiellen Werten. *Die Natürlichkeit der Barriere betrachte ich als den stärksten Hinweis darauf, dass es sich lohnen könnte, im Leben nach immateriellen Werten zu streben.*

Deine Welt sähe ganz anders aus, wenn die Lichtgeschwindigkeit wesentlich kleiner wäre, beispielsweise nur noch ein Tausendstel Millimeter pro Sekunde. Falls du dann bei einer Körpergröße von 1,70 Meter mit deinen großen Zehen wackelst, könntest du diese Bewegung erst nach 20 Tagen sehen. Wenn dir ein guter Freund aus 100 Meter Entfernung beim Zehenwackeln zuschaut und sich dabei köstlich amüsiert, wäre er bereits drei Jahre älter, sobald du sein Lachen siehst. Die Welt ist aber nicht anders, sondern genau so, wie sie ist. Niemand bestreitet, dass auch andere Werte für die Lichtgeschwindigkeit ein Netz aus Raum und Zeit aufspannen. Ob es jedoch mit der Existenz von Leben vereinbar wäre, wissen wir nicht. Es wird wohl stets ein Geheimnis des Lichts bleiben. Auch die Frage, ob das Licht erst Raum und dann Zeit aufgespannt hat oder umgekehrt, ist müßig. *Raum kann nur in Zeit existieren, und Zeit kann nur in Raum verstreichen.* Raum ohne Zeit ist genauso unmöglich wie Zeit ohne Raum. Das Licht spannt Raum und Zeit zusammen auf, und seine Geschwindigkeit verknüpft Raum und Zeit so eng miteinander, dass sie nicht separat existieren können.

Ein Schauspiel von besonderer Art bietet dir der nächtliche Blick in den Sternenhimmel. Du meinst dann, die Weite des Weltraums zu ermessen, siehst aber tatsächlich etwas Räumliches und etwas Zeitliches; du betrachtest die Sterne nämlich in einem Zustand, in dem sie sich zu einer viel früheren Zeit befanden. Beispielsweise leuchtet unser Nachbarstern *Proxima Centauri* in einem Gewand, das er vier Jahre zuvor getragen hat. Und unsere Nachbargalaxie *Andromedanebel* präsentiert sich in einem Kleid, das schon mehr als zwei Millionen Jahre alt, aber immer noch hochmodern ist. Je weiter du deinen Blick schweifen lässt, umso tiefer schaust du in die Vergangenheit zurück. Tatsächlich ist alles, was deine Augen sehen, sowohl räumlich als auch zeitlich.

Welche Konsequenzen ergeben sich für das Licht, wenn es Raum und Zeit aufspannt? Das Licht ist folglich die Ursache von Raum und Zeit, womit wir schließlich die in Antwort Nr. 9 angedeutete übergeordnete Quelle von Raum und Zeit entlarvt haben; und als ihre Ursache ist das Licht selbst unabhängig von Raum und Zeit. Diese wichtige Feststellung deckt sich mit meiner Definition von Distanzlosigkeit: Gerade weil das Licht kein Gegenüber und kein Nacheinander hat, existiert es unabhängig von Raum und Zeit. Es ist allerdings weder raumlos noch zeitlos, somit weder nirgendwo noch nirgendwann. Wieder kann ein passendes Beispiel hilfreich sein: Wenn jemand unabhängig von materiellem Besitz zufrieden ist, so heißt das nicht, dass er nichts besitzt, sondern zufrieden ist mit dem, was er besitzt. Ihm fehlt nichts, weil er alles hat, was er zu seinem Glück braucht. Auch dem Licht fehlt es an nichts – es fehlt ihm an keiner Distanz zu irgendeinem Ziel!

Was sagt Einsteins Relativitätstheorie zu alledem? Sie äußert sich nicht konkret zu einem kausalen Zusammenhang zwischen Licht, Raum und Zeit. Sie sagt aber aus, dass räumliche Distanz für das Licht auf einen Punkt zusammenschrumpft und zeitliche Distanz auf einen Augenblick. Dabei handelt es sich um eine sogenannte *Singularität* – das Licht ist gewissermaßen überall entlang seines »Weges« gleichzeitig präsent, wobei ein solcher Weg nur aus der Perspektive von Raum und Zeit existiert. Für das Licht hat dieser »Weg« die Länge null und kann daher ohne ein Verstreichen von Zeit »zurückgelegt« werden. *Für das Licht ist der ganze Kosmos nur ein Punkt und dessen Geschichte nur ein Augenblick.*

Lucy fragt:
Das Licht ermöglicht ...?

Lucy antwortet:
Materie, mich, alles!

In Antwort Nr. 9 gelangten wir zu der wichtigen Erkenntnis, dass Raum, Zeit und Materie einer übergeordneten Quelle entspringen müssen. Nach Antwort Nr. 12 ist das Licht die Quelle von Raum und Zeit. Ist es womöglich auch die Quelle von Materie? Um die Frage zu beantworten, erinnern wir uns an Einsteins Äquivalenz zwischen der Energie E und der Masse m von Materie: $E = mc^2$. Demnach kann sich Lichtenergie in Masse verwandeln. Aus der Energie eines Lichtteilchens können spontan zwei Masseteilchen entstehen – je ein Stück Materie und Antimaterie. Die bei diesem Prozess beteiligte Energie wird auf »unter Lichtgeschwindigkeit« abgebremst. Der umgekehrte Prozess ist auch möglich: Wenn je ein Stück Materie und Antimaterie miteinander kollidieren, kann daraus ein Lichtteilchen entstehen. Die hierbei beteiligte Energie wird auf Lichtgeschwindigkeit beschleunigt.

Das Licht ist die Quelle von Materie. *Somit ermöglicht das Licht meinen materiellen Körper, also auch mich.* Ich gehe sogar noch einen Schritt weiter, wenn ich behaupte: Das Licht ist der Urstoff von allem! Diese Annahme lässt sich nicht logisch ableiten, weil dazu die Kenntnis von »allem« notwendig wäre. Ich vertraue hier meiner eigenen Intuition, die mir sagt, dass die Quelle von Raum, Zeit und Materie zugleich der Urstoff von allem ist. Zudem wird diese Behauptung sowohl von der Physik als auch von allen fünf Weltreligionen – Christentum, Islam, Hinduismus, Buddhismus, Judentum – unterstützt: Physikalisch betrachtet existierte nämlich im Kosmos kurz nach dem Urknall nur das Licht. Massebehaftete Materie entstand erst deutlich später. Und theologisch betrachtet? Welche Rolle spielt das Licht in den religiösen Schriften? Hierzu zitiere ich fünf Aussagen über das Licht. Die Reihung richtet sich nach der Verbreitung der Religionen. Es gibt heute weltweit etwa 2,2 Milliarden Christen, 1,4 Milliarden Moslems, 875 Millionen Hindus, 385 Millionen Buddhisten und 15 Millionen Juden.[24]

- In der *Bibel* verwendet Jesus Christus für sich selbst eine ganz einfache Formel:»Ich bin das Licht der Welt.«[25]

- Im *Koran* steht geschrieben:»Allah ist das Licht des Himmels und der Erde.«[26]

- In der *Bhagavad Gita* verkündet Krishna:»Er wird der Lichter Licht genannt, das alle Finsternis zerstreut.«[27]

- In den *Sutren* steht zum Amida-Buddha:»Amida Nyorai muss also genannt werden das Licht, das wahr und wirklich ist.«[28]

- Im *Baum des Lebens* lehrt der Kabbalist Ari:»Wisse, dass vor der Schöpfung nur das eine höhere Licht existierte.«[29]

Weder bin ich Theologin, noch habe ich den Anspruch, mit diesen Zitaten irgendetwas beweisen zu wollen. Mir fällt bloß etwas auf: Obwohl die Herkunft der Zitate sehr verschieden ist, beeindruckt mich die Harmonie ihrer Aussagen zutiefst. Nicht nur die Physik, sondern auch die fünf großen Weltreligionen betrachten das Licht als die Quelle von allem. Meines Erachtens kann das kein Zufall sein – *vielmehr ist es der stärkste Hinweis darauf, dass das Licht tatsächlich die Quelle von allem ist.* Das Licht ist das Leichteste, was im Kosmos existiert. In vielen Sprachen – wie im Deutschen und Englischen – ist diese Leichtigkeit bereits in der Wortwurzel verankert. Wen das nicht beeindruckt, möge darüber nachdenken, dass das Leichteste nach den Grundsätzen der Mechanik zugleich das Schnellste ist, was sich transportieren lässt. Das ist deshalb so bemerkenswert, weil der Kosmos in Bezug auf das Licht offenbar ein in sich geschlossenes System ist. Nichts ist so schnell, dass es dem Licht entkommen kann. Das Licht ermöglicht jedem seinen persönlichen Freiraum – bietet aber zugleich den sichersten Halt, weil es nichts entkommen lässt, sondern alles zusammenhält. Ich kenne keine größere Liebe, die es so wie das Licht verdient, *Gott* genannt zu werden. Dieser Weg kann uns alle zu Gott hinführen, ohne dass wir an die vielen Wunder glauben müssen, die ihm die Religionen zuschreiben. Doch damit noch nicht genug: Auch wer gerne an Wunder glaubt, darf das Licht mit Gott gleichsetzen; die fünf Zitate ermuntern sogar dazu. Mit diesem Gott kann ich mich als eine Christin genauso anfreunden wie ein Moslem, ein Hindu, ein Buddhist, ein Jude oder ein ungläubiger Mensch.

Ab und zu stolpere ich über die Aussagen der christlichen Kirche, verliere dadurch aber keineswegs meinen festen Glauben an Gott. Zum Beispiel kann ich mir nicht vorstellen, dass das Christentum die einzig wahre Religion sei. Diese Auffassung, die leider jeder Mission zugrunde liegt, ist sehr engstirnig und gefährlich. Hinter jedem solchen Missionsgedanken steckt das Streben nach Macht. Mit welchem Recht darf jemand eine andere Religion als »falsch« bezeichnen? Welch eine tiefe Demütigung muss ein Jude fühlen, wenn Papst Benedikt XVI. nun jeden Karfreitag den Christengott darum bittet, dass er auch alle Juden erleuchten und retten möge? Bitte verstehe das nicht als einen Affront gegen das Christentum. Ich wende mich nur gegen nicht mehr zeitgemäße Praktiken der Institution Kirche. Relativität heißt, dass auch andere Religionen wahr sein können. *Wenn eine Religion die absolute Wahrheit für sich allein beansprucht, stiftet sie nicht bloß Frieden in der Welt.* Christus selbst sprach nie von der Unfehlbarkeit eines Menschen. Jede Religion enthält einen Funken Wahrheit: Im Christentum ist es die Liebe, im Islam das friedliche Miteinander, im Hinduismus die Achtung vor dem Leben, im Buddhismus das Wissen und im Judentum das ganzheitliche Denken. Meines Erachtens sind auch die Ungläubigen der Wahrheit auf der Spur, wenn sie behaupten, dass das Ich mit dem Tod erlischt. Nicht alle Gedanken aus allen Religionen lassen sich unter einen Hut bringen, doch wenigstens die eben genannten Kerngedanken. Wer das nicht für notwendig hält, irrt: Wenn es einen vollkommenen Gott gibt, existiert er für die Gläubigen aller Religionen ebenso wie für alle Ungläubigen – für irdische Seelen ebenso wie für Seelen vom Andromedanebel. Sonst wäre Gott niemals vollkommen! Die Vielfalt an religiösen Überzeugungen ist historisch bedingt und beschränkt sich auf das Diesseits. Die Welt könnte wesentlich friedvoller sein, wenn alle Religionen auf ausschmückenden Ballast verzichten.

Zu einem solchen Ballast zählt für mich auch die Vorstellung von der Auferstehung des Fleisches. Kein Fleischmolekül wird jemals unsere Erde verlassen, wenn es nicht mit einer Rakete ins Weltall befördert wird! Die Kirche mag entgegnen, dass das Fleisch doch bloß ein Symbol sei und dass hiermit eigentlich die Auferstehung der Toten gemeint sei. Aber genau hier liegt das Problem: *Unsere heutige Sprache ist so differenziert, dass wir uns klar ausdrücken können und sollten.* Viel geeigneter ist die christliche Vorstellung von der »Verwandlung«, weil sich ein Stück Masse tatsächlich in Energie verwandeln kann. Rational denkenden Menschen fällt es oft schwer, sich auf veraltete – teils unlogische – Formulierungen einzulassen. Nicht wenige wenden sich deswegen von der Kirche ab. Was an sich schade ist, denn die Kernaussage der christlichen Lehre ist doch eine ganz andere: Gott liebt uns alle so sehr, dass er sogar seinen eigenen Sohn für uns sterben ließ. Diese Art von Liebe veraltet nie, sondern ist immer modern. Jeder darf zu Gott finden, auch ohne an die Auferstehung des Fleisches zu glauben. Oder müssen etwa die Seelen aus dem Andromedanebel darüber Bescheid wissen, dass das Grab von Christus auf einem Planeten namens Erde vor circa 2000 Jahren leer war? Firlefanz! Niemand wird an der Himmelspforte stehen und prüfen, wer Christ ist und wer nicht. Apropos Fleisch: Wieso die katholische Kirche immer noch am Zölibat festhält, ist mir ein großes Rätsel. Hat Gott etwa geschlechtliche Priester in die Welt gesetzt, damit sie den Zölibat leben? Sicher hat jede Religion mit hausgemachten Problemen zu kämpfen. Dass ich mich bloß zum Christentum äußere, hat einen einfachen Grund: Ich urteile nicht über eine mir fremde Religion. Jede Religion hat genügend Anhänger, die sie beurteilen können.

Wem jetzt immer noch kein Licht aufgeht, dem möchte ich einen kleinen Lichtschalter anknipsen: Wenn es das Licht ist, das Raum und Zeit aufspannt und Materie erst ermöglicht, dann habe ich es wohl dem Licht zu verdanken, dass all das existiert und – gewiss das Allerwichtigste für mich – dass ich überhaupt bin. Und schon ist es passiert: Ich danke dem Licht für seine Geschenke. Kann es irgendwelche Geschenke geben, ohne dass jemand diese schenkt? Fallen Ostereier etwa vom Himmel? Geben wir doch dem Etwas, das uns so reichlich beschenkt, einen klangvolleren Namen: *Gott*. Doch ich will stets fair bleiben. Wem die Bezeichnung »Gott« zu abgedroschen klingt, dem mache ich ein ganz neutrales Angebot: Licht darf auch stets Licht bleiben. Es macht keinen Unterschied, ob du das Licht als »Licht« oder »Gott« bezeichnest. Mit anderen Worten: Wenn wir das Licht und Gott als Synonyme betrachten, dann können meine Gedanken sowohl die Gläubigen als auch die Ungläubigen ansprechen. Ersetze im Buch einfach »Licht« durch »Gott« oder »Gott« durch »Licht« ... das Ergebnis ist dasselbe!

Das Licht ist die Quelle von allem und ein Synonym für Gott.

Kleine Rückschau
In diesen drei Kapiteln haben wir über einen anderen Grundstoff philosophiert: Licht. Für das Licht ist alles räumlich und zeitlich distanzlos, es verknüpft räumlich mit zeitlich, doch erst das Licht ermöglicht mich und alles. Das Licht ist ein Synonym für Gott.

Außerkörperliche Erfahrungen

Nachdem wir uns bisher mit Raum, Zeit, Materie und dem Licht befasst haben, wenden wir uns jetzt etwas anderem zu – dem Ich. Wenn wir Neues lernen wollen, ist es aufschlussreich, Erfahrene zu fragen. Über die Physik können uns Physiker Auskunft geben. Über die Religion können uns Theologen Auskunft geben. Wenn wir wissen wollen, ob das Ich nur aus seinem materiellen Körper besteht, können uns solche Menschen Auskunft geben, die bereits eine sogenannte *außerkörperliche Erfahrung* hatten.

Was ist eigentlich eine außerkörperliche Erfahrung?

Darunter verstehen wir ein Phänomen, bei dem sich Bewusstsein allmählich erweitert, so dass Wissen auch außerhalb des Körpers möglich ist. Die Frage, wie das ohne Körper funktionieren kann, beantworte ich hier zum ersten Mal: Es handelt sich *nicht* um ein Lernen, sondern um das reine Wissen! Bloß das Lernen erfordert nach Antwort Nr. 10 einen materiellen Körper – das Wissen kann durchaus unabhängig von Materie existieren. Elektromagnetische Wellen wie das Licht sind das beste Beispiel: Sie transportieren Informationen, ohne selbst materiell zu sein. Typische Auslöser für außerkörperliche Erfahrungen sind eine Meditation oder eine Nahtoderfahrung. Letztere ist Thema eines späteren Kapitels.

Wenn wir uns ganz ernsthaft mit außerkörperlichen Erfahrungen auseinandersetzen wollen, dürfen wir das Wissen nicht allein auf die räumliche Umgrenzung des materiellen Körpers beschränken. Wer wie die Schulmediziner voraussetzt, dass es nichts Geistiges außerhalb des Körpers geben kann, hat gar keine Wahl – er *muss* zum Schluss kommen, dass jede außerkörperliche Erfahrung eine Illusion darstellt. Dabei begeht er einen groben Fehler, der in der Wissenschaftstheorie als ein *Zirkelschluss* bezeichnet wird. Seine Voraussetzung schränkt bereits so ein, dass jede außerkörperliche

Erfahrung zur Illusion degradiert werden muss. Dieses Argument untermauert sich selbst und dreht sich dabei im Kreis: Das ist der Zirkel. Wer jedoch zulässt, dass das Geistige auch außerhalb des Körpers existieren kann, darf diese Erfahrungen als etwas Reales ansehen. Den schulmedizinischen Standpunkt halte ich in diesem Fall für anmaßend; objektive Naturwissenschaft zeichnet sich vor allem dadurch aus, dass sie zunächst *alle* Möglichkeiten zulassen muss, bis sie widerlegt sind. Dass es bislang noch nicht gelungen ist, etwas Geistiges außerhalb des Körpers nachzuweisen, ist nicht ausreichend, um es allgemein auszuschließen.

Natürliche außerkörperliche Erfahrungen wie die Meditation oder die Nahtoderfahrung dürfen nicht mit einer künstlich ausgelösten außerkörperlichen Erfahrung verwechselt werden. Eine künstlich ausgelöste Erfahrung beruht beispielsweise auf einer elektrischen Stimulation des Gehirns oder auf speziellen Videotricks. Hierbei erleben die Betroffenen allerdings nicht, wie sich ihr Bewusstsein allmählich erweitert. Trotzdem – oder eben deshalb – werden die Ergebnisse dieser Studien in den bekanntesten wissenschaftlichen Journals veröffentlicht wie *Nature* und *Science*. Der schwedische Neurologe Henrik Ehrsson lässt seine Testpersonen eine spezielle Videobrille tragen, mit deren Hilfe sie ihren Hinterkopf aus etwa zwei Meter Entfernung betrachten können.[30] Sobald er dann mit zwei Plastikstäben synchron die Brust einer Testperson und den Bereich vor den beiden Kameras berührt, geschieht das angeblich Unfassbare: Die Testperson berichtet, dass sie sich jetzt plötzlich außerhalb ihres Körpers am Ort der Kameras befindet. Künstlich ausgelöste, außerkörperliche Erfahrungen sind bloß eine Illusion, wie sie auch auf Jahrmärkten beim Flug über den Grand Canyon erlebt werden kann. Wer ein Video geschickt mit taktilen Reizen koppelt, muss sich nicht wundern, wenn die Sinnesorgane seiner Testperson verrücktspielen; ihnen wurde etwas vorgegaukelt.

Unser Intermezzo über außerkörperliche Erfahrungen beende ich mit einem Zitat des bekannten niederländischen Kardiologen Pim van Lommel. Er vergleicht Geistiges und Körperliches gerne mit elektromagnetischen Wellen und deren Sendern beziehungsweise Empfängern: »Elektromagnetische Informationen können wir nur dann wahrnehmen, wenn wir unser Mobiltelefon verwenden oder Radio, TV oder Notebook einschalten. Aber was wir empfangen, steckt weder in diesen Instrumenten noch in deren Komponenten; erst der eingebaute Empfänger macht die elektromagnetischen Informationen unseren Sinnesorganen zugänglich, die so in unser Bewusstsein gelangen. Stimmen, die wir über das Telefon hören, sind nicht im Telefon. Ein Konzert, das wir im Radio hören, wird nur von ihm übertragen. Bilder und Musik, die wir im Fernseher sehen und hören, werden auch nur von ihm übertragen. Auch das Internet befindet sich natürlich nicht in unserem Notebook. Doch solche Geräte empfangen für uns, was mit Lichtgeschwindigkeit aus einer Entfernung von mehreren hundert oder tausend Meilen übertragen wird. Sobald wir den Fernseher ausschalten, ist zwar der Empfang beendet, aber die Übertragung geht trotzdem weiter. Die übertragene Information ist noch in den elektromagnetischen Feldern präsent. Die Verbindung wurde bloß unterbrochen, aber die Information ist nicht verloren und kann anderswo mit einem anderen Fernseher weiterhin empfangen werden. Mein Konzept, welches auf universellen Erfahrungen des Bewusstseins während eines Herzstillstands beruht, führt zur Schlussfolgerung, dass die informativen Felder unseres Bewusstseins aus Wellen bestehen ... Diese werden nur mit geeigneten Sinnesorganen wahrgenommen. Sobald das Gehirn seine Funktion einstellt, können Erinnerungen und Bewusstsein immer noch existieren, doch die Fähigkeit zum Empfang geht verloren. Die Verbindung oder die Schnittstelle ist unterbrochen. Demnach hat das Bewusstsein seine Wurzeln nicht im Materiellen.«[31]

Lucy fragt:
Was ist mein Körper?

Lucy antwortet:
Was mir im Spiegel begegnet.

Frage 14: Was ist mein Körper?

Nachdem wir eben über außerkörperliche Erfahrungen diskutiert haben, liegt jetzt die Frage nahe, was mein Körper eigentlich ist. Mein Vorschlag orientiert sich an Einsteins Antworten Nr. 2 und Nr. 5: *Mein Körper ist, was mir im Spiegel begegnet.* Die meisten Menschen können ihren Körper zwar nicht nur im Spiegel sehen, sondern ihn ebenso hören, fühlen, schmecken und riechen, jedoch wird der Gesichtssinn – also das Sehen – häufig als die wichtigste Sinneserfahrung bezeichnet. Mit der Begegnung im Spiegel will ich die Zeitlichkeit und Räumlichkeit des Körpers betonen; denn auch mein Körper besteht aus Materie und ist nach Antwort Nr. 8 zeitlich und räumlich strukturiert. Erst zeitliche Distanz macht so etwas möglich wie *Begegnen*. Erst räumliche Distanz ermöglicht Begegnung *im* Spiegel.

Alle Sinnesorgane – Augen, Ohren, Haut, Zunge und Nase – sind materiell und erlauben deswegen nur eine räumliche und zeitliche Wahrnehmung. Mit der Geburt meines materiellen Körpers steht bereits fest, dass ich diese Welt räumlich und zeitlich strukturiert erleben werde, wobei die Struktur aus räumlichen und zeitlichen Distanzen besteht. Mein Körper ist wie ein Musikinstrument, das mich spielend meine Welt entdecken lässt. Es will gestimmt sein wie ein Klavier, um in voller Resonanz mit seiner Umgebung zu schwingen. Ich sollte meinen Körper immer achten und pflegen, damit ich auch morgen noch etwas zu fühlen und zu lernen habe. Wenn ich ihn zu wenig pflege, wird er krank – mein Klavier wird verstimmt, meine Wahrnehmung verschwommen.

So klitzekurz meine Antwort auch sein mag – sie bedarf nach den bisherigen Ausführungen keiner weiteren Erläuterung. Nutze das unverhofft frühe Ende von Antwort Nr. 14, um deinen Körper zu entspannen, bevor wir uns gleich wesentlich ausführlicher deiner Seele – dem »Mehr« – zuwenden. Du hast es dir *leslich* verdient.

Lucy fragt:
Was ist meine Seele?

Lucy antwortet:
Was ich jemals liebe und weiß.

Mit meinem materiellen Körper kann ich fühlen und lernen. Aber was geschieht eigentlich mit all dem, was ich im Leben fühle und lerne? Ich glaube, dass nichts hiervon verlorengeht, sondern dass es als meine Seele in die Ewigkeit eingehen darf, solange es sich dabei um gefühlte Liebe oder um gelerntes Wissen handelt.

Meine Seele ist, was ich jemals liebe und weiß.

Ich gebe zu, dass dies eine äußerst ungewöhnliche Definition von Seele ist. Sie hat aber den nicht zu unterschätzenden Vorteil, dass ich auf den Nachweis für die Existenz der Seele verzichten kann: Weil ich liebe und weiß, existiert meine Seele. Wie nützlich diese Definition ist, zeigt sich spätestens dann, wenn wir mit Menschen sprechen, die schon in extremer Todesnähe waren: Ihnen zufolge wird alles, was ich fühle und lerne, in meinem Unterbewusstsein gespeichert und mir beim Sterben nochmals als Lebensrückschau vorgespielt.[32] Wichtig seien dabei meine gefühlte Liebe und mein gelerntes Wissen. Was liegt näher, als die Seele dementsprechend zu definieren? Drei interessante Konsequenzen meiner Definition möchte ich nun der Reihe nach beleuchten.

- Die Seele ist immateriell.
- Die Seele kann auch ohne das Ich existieren.
- Alles, was Liebe fühlen und Wissen lernen kann, ist beseelt.

Die Liebe und das Wissen sind zwei immaterielle Werte, weil sie keine Masse haben. Folglich ist auch die Seele immateriell, wenn sie allein aus Liebe und Wissen besteht. Alle Versuche, der Seele eine Masse zuzuordnen, sind bis heute fehlgeschlagen. Selbst die im Jahr 1907 von MacDougall gemessenen Gewichtsverluste bei sterbenden Patienten konnten nie verifiziert werden. MacDougall hatte behauptet, dass die Seele ungefähr 21 Gramm wiege.[33]

Wenn die Seele allein aus Liebe und Wissen besteht, dann kann sie auch ohne das Ich existieren, welches die Liebe einst gefühlt und das Wissen einst gelernt hat. Die immaterielle Seele ist nicht vom Stoffwechsel des Körpers abhängig. Sie kann insbesondere den Tod des Körpers überdauern. Ohne einen materiellen Körper kann diese Seele allerdings weder fühlen noch lernen. Westliche Kulturen unterliegen oft dem Irrtum, dass die unsterbliche Seele, falls es sie gibt, eine *Individualseele* sein müsse – eine Seele mit einem Ich. Ich halte es für durchaus denkbar, dass die Seele kein Ich hat, sondern aus der bereits gefühlten Liebe und dem bereits gelernten Wissen besteht, selbst wenn das fühlende und lernende Individuum schon längst tot ist. Das wichtigste Argument für die Sterblichkeit der Individualseele ist gemäß Mathias Schreiber die Zeitlichkeit des Denkvorgangs.[34] Weil jedes Denken zeitlich ist, kann die fühlende (= intuitiv denkende) und lernende (= logisch denkende) Individualseele nur im zeitlich strukturierten Diesseits existieren. Es spricht aber nichts dagegen, dass die unpersönliche Seele – gefühlte Liebe und gelerntes Wissen – unsterblich ist.

Meine Definition von Seele ist nicht zwingend auf den Menschen beschränkt. Wenn ein Tier oder eine Pflanze ebenfalls lieben und wissen kann, dann liegt es doch nahe, dass auch diese Lebewesen beseelt sind. Wer selbst ein Haustier hat, wird mir wahrscheinlich sofort zustimmen, dass es sein Frauchen oder sein Herrchen liebt und weiß, wo sein Zuhause ist oder wie es an sein Futter kommt. Wer seine Pflanzen regelmäßig gießt und pflegt, wird schon nach kurzer Zeit erkennen, dass sogar Pflanzen lieben und wissen: Sie lieben das Licht der Sonne und wissen, aus welcher Richtung sie scheint – sie richten Blüten oder Blätter zur Sonne aus. Pflanzen, Tiere und Menschen sind beseelt, aber bei keinem Lebewesen ist das fühlende und lernende Individuum die Seele, sondern nur die von ihm gefühlte Liebe und das von ihm gelernte Wissen.

Nach Antwort Nr. 10 besteht kein Lebewesen nur aus Materie, da es weit mehr ist als die Summe seiner Atome und Zellen. Dieses »Mehr« eines Lebewesens – seine Seele – wächst mit jeder Liebe, die es fühlt, und jedem Wissen, das es lernt. Wie differenziert ein Lebewesen fühlen und lernen kann, hängt von seiner Komplexität ab. Ein Einzeller hat diesbezüglich weniger Möglichkeiten als ein Mensch, aber die Seelen von Tieren oder Pflanzen sind deswegen nicht weniger wertvoll. Alle Seelen sind gleichberechtigt. Warum sollte ausgerechnet der immer noch unvollkommene Mensch die Krone der Schöpfung sein? Manche Wissenschaftler wollen alles auf Informationen – also auf Wissen – zurückführen.[35] Ich glaube nicht, dass das Lernen wichtiger ist als das Fühlen. Aus Liebe zu etwas kann durchaus ein neues Wissen entstehen; das Gefühl von Liebe ist jedoch nicht als Information – als Folge von Nullen und Einsen – darstellbar. *Wissenschaftler handeln verantwortungslos, wenn sie nicht aus Liebe zum Leben forschen.* Ist es ein weiterer Hinweis auf Gott, dass die Liebe stärker ist als alle Vernunft?

Sowohl die Naturwissenschaften als auch die Religionen sind zur Zeit noch sehr im analytischen Denken gefangen. Zukünftig wird das ganzheitliche, integrale Denken eine immer wichtigere Rolle spielen. *Wer mehr vom Ganzen verstehen will, sollte Erfolg nicht in den relativen Einheiten Meter und Sekunde messen, sondern in den absoluten Einheiten von Liebe und Wissen.* Darum ist es auch der Physik bis heute noch nicht gelungen, die »Theorie für alles« zu finden. Es ist der falsche Weg, nur nach Leistung zu urteilen, die Bildungswege zu verkürzen und mit wenig Personal zu große Schulklassen zu unterrichten. Wie soll die Liebe weiter wachsen, wenn unsere Kinder schon in den Schulen auf Leistung getrimmt werden? In der Ausbildung von Kindern sind unsere Steuergelder gewinnbringender angelegt als in den Milliardenbürgschaften für zockende Banken. Selbst wer kinderlos ist, war einst ein Kind.

Lucy fragt:
Was ist mein Ich?

Lucy antwortet:
Mein Körper und meine Seele.

Mein Körper ist im Netz aus Raum und Zeit gefangen, da er aus Materie besteht. Insbesondere ist mein Körper vergänglich – nur so lange existent, wie er stoffwechselt. Wegen dieser Bedingung ist mein Körper definitionsgemäß nicht absolut. Darf ich mit ihm dennoch etwas Absolutes fühlen und lernen? Damit kommen wir zur spannenden Frage nach dem Ich: Bin ich mein Körper – oder bin ich meine Seele? Ich glaube, dass sich Körper und Seele erst zum Ich zusammenfügen. Im Berühren meines Körpers fühle ich mich. Er ist ein Teil von mir, aber ich bin nicht nur mein Körper; zum Ich gehören auch alle Erfahrungen, die ich bereits gemacht habe oder noch machen werde. *Carpe diem!* Nutze den Tag!

Ich bin mein Körper und meine Seele.

Da Körper und Seele nicht konstant sind, vollzieht auch mein Ich eine stete Entwicklung. Es lebt davon, sich verändern zu können. Weil Körper und Seele erst zusammen mein Ich ergeben, sind sie seine notwendigen Voraussetzungen. *Folglich existiere ich weder vor der Zeugung meines Körpers noch nach dessen Tod.* Ich fülle zwar meine Seele mit Inhalt, indem ich mit meinem Körper fühle und lerne, aber mein Körper und mein Ich müssen sterben. Somit ist meine Seele alles, was von mir bleibt. Nur sie ist unsterblich – ich bin es nicht.

Mit meinem Körper stirbt auch mein Ich.

Kleine Rückschau

In diesen drei Kapiteln habe ich erläutert, was ich unter Körper, Seele und dem Ich verstehe. Mein Körper ist, was mir im Spiegel begegnet. Meine Seele ist, was ich jemals liebe und weiß. Mein Ich ist mein Körper und meine Seele.

Lucy fragt:
Was ist die Ewigkeit?

Lucy antwortet:
Ein Zustand der Distanzlosigkeit.

Nun haben wir die Gretchenfrage erreicht: Was ist die Ewigkeit? Ich habe lange darüber nachgedacht, ob Ewigkeit »alle Zeit« oder aber »keine Zeit« heißt – also Zeitfülle oder Zeitlosigkeit. Bereits auf Seite 17 wollte dich mein Autor damit zum logischen Denken anregen: Wenn Ewigkeit Zeitfülle bedeutet, dann könnte sie nicht auf den Tod folgen, da sie auch alle Zeit vor dem Tod beinhaltet. Wenn sie Zeitlosigkeit bedeutet, dann könnte sie bloß zu keinem Zeitpunkt – also niemals – existent sein.

Das Hauptproblem beim Begriff der Ewigkeit besteht darin, dass wir ihn mit etwas verknüpfen wollen, was – wie wir seit Antwort Nr. 5 wissen – eine Illusion ist: die absolute Zeit. Der Begriff der Ewigkeit ist nämlich sinnlos, falls wir ihn als »alle Zeit« oder als »keine Zeit« definieren, weil »die Zeit« überhaupt nicht existiert. Ewigkeit ist weder Zeitfülle noch Zeitlosigkeit, sondern zeitliche Distanzlosigkeit. Diese Definition stellt eine messbare Distanz in den Mittelpunkt und nicht die illusionäre absolute Zeit. Am Licht erkennen wir den Vorteil dieser Definition: Das Licht ist zeitlich distanzlos – also ewig –, aber es ist weder in »aller Zeit« (immer) noch in »keiner Zeit« (nie). Es verwandelt sich in Wärme, sobald es von Materie absorbiert wird, ist jedoch offen*sichtlich* da, wenn wir es sehen. Welche Schlussfolgerung dürfen wir daraus ziehen? Die Ewigkeit ist weder immer noch nie. Sie ist ein Zustand ohne zeitliche Distanz. Sie ist jedoch auch ein Zustand ohne räumliche Distanz, denn räumliche und zeitliche Distanzlosigkeit sind nach Antwort Nr. 11 nur im Doppelpack zu haben.

Die Ewigkeit ist ein Zustand der Distanzlosigkeit.

Wie sinnlos die Worte »Raumlosigkeit« und »Zeitlosigkeit« sind, zeigen zwei Beispiele: Angenommen, du hast eine Laus auf dem Kopf und reitest auf einem Elefanten. Bezogen auf den Elefanten, bist du ein *klitzekurzer Klacks,* bezogen auf die Laus, ein *langer Lulatsch.* Beides ist wahr, da die Begriffe »kurz« und »lang« nur relativ sind. Aber sind dir schon mal die Begriffe »Kurzlosigkeit« oder »Langlosigkeit« begegnet? Weshalb nicht? Weil Relativität bloß Differenzen kennt: Kurz, lang oder Raum können nicht weg sein, aber eine räumliche Distanz kann den Wert null annehmen. Nun zum Wort »Zeitlosigkeit«: Angenommen, du hast noch eine zweite Laus auf dem Kopf, die sich mit der ersten Laus paart. Die Zeugung vergeht, bezogen auf dein Alter, schnell, bezogen auf das Lausalter, langsam. Beides ist wahr, da die Begriffe »schnell« und »langsam« nur relativ sind. Aber sind dir schon mal die Begriffe »Schnelllosigkeit« oder »Langsamlosigkeit« begegnet? Weshalb nicht? Weil Relativität bloß Differenzen kennt: Schnell, langsam oder Zeit können nicht weg sein, aber eine zeitliche Distanz kann den Wert null annehmen.

Auch wenn wir uns die Ewigkeit nicht vorstellen können, möchte ich dir ein Gedankenexperiment vorschlagen, das dir wenigstens einen kleinen Hauch von Ewigkeit vermitteln kann: Wir nehmen an, dass sich auf jedem Stern ein großer Spiegel befindet, der zur Erde hin ausgerichtet ist. Wenn wir dann mit einem gigantischen Teleskop in so einen Spiegel schauen, werden wir einen Moment aus der irdischen Vergangenheit sehen. Wenn wir in alle Spiegel gleichzeitig schauen könnten, würden wir die ganze Entwicklung der Erde in nur einem Augenblick – zeitlich distanzlos – erfassen.

In Abbildung 4 habe ich einen grau umrissenen Raum mit vielen räumlichen Begriffen *gefüllt.* In der räumlichen Distanzlosigkeit spielen sie keine Rolle mehr. Fallen dir noch andere Begriffe ein? In Abbildung 5 habe ich einen grau gezeichneten Pfeil mit vielen zeitlichen Begriffen *geschaffen.* In der zeitlichen Distanzlosigkeit spielen sie keine Rolle mehr. Fallen dir noch andere Begriffe ein?

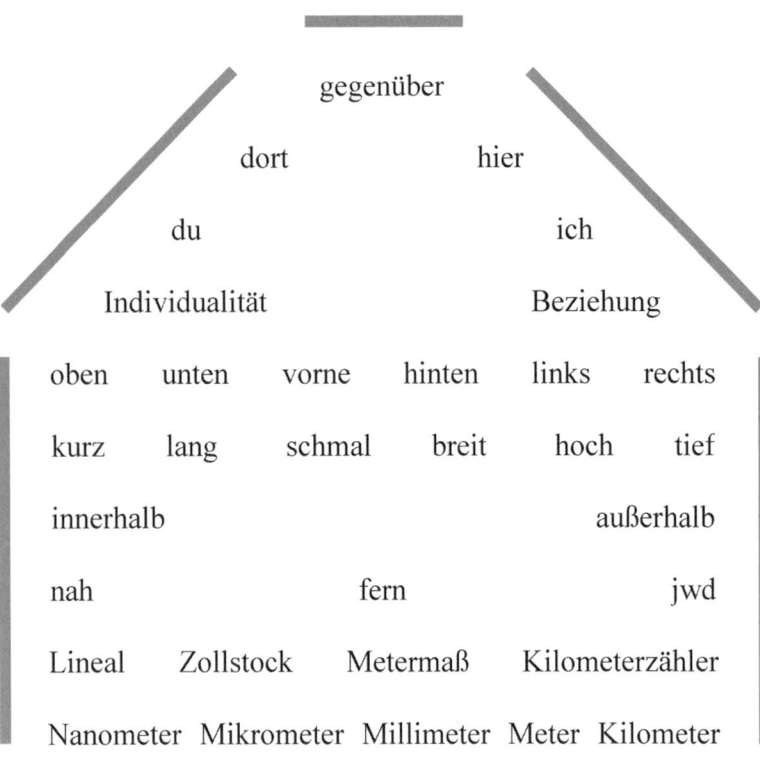

gegenüber

dort   hier

du   ich

Individualität   Beziehung

oben   unten   vorne   hinten   links   rechts

kurz   lang   schmal   breit   hoch   tief

innerhalb   außerhalb

nah   fern   jwd

Lineal   Zollstock   Metermaß   Kilometerzähler

Nanometer Mikrometer Millimeter Meter Kilometer

Raum setzt sich zusammen aus drei Dimensionen

Länge   Breite   Höhe

Raum kann ich *durch*dringen, *durch*queren, *durch*suchen, ...

Abb. 4: Ein Rauminhalt, gefüllt mit räumlichen Begriffen

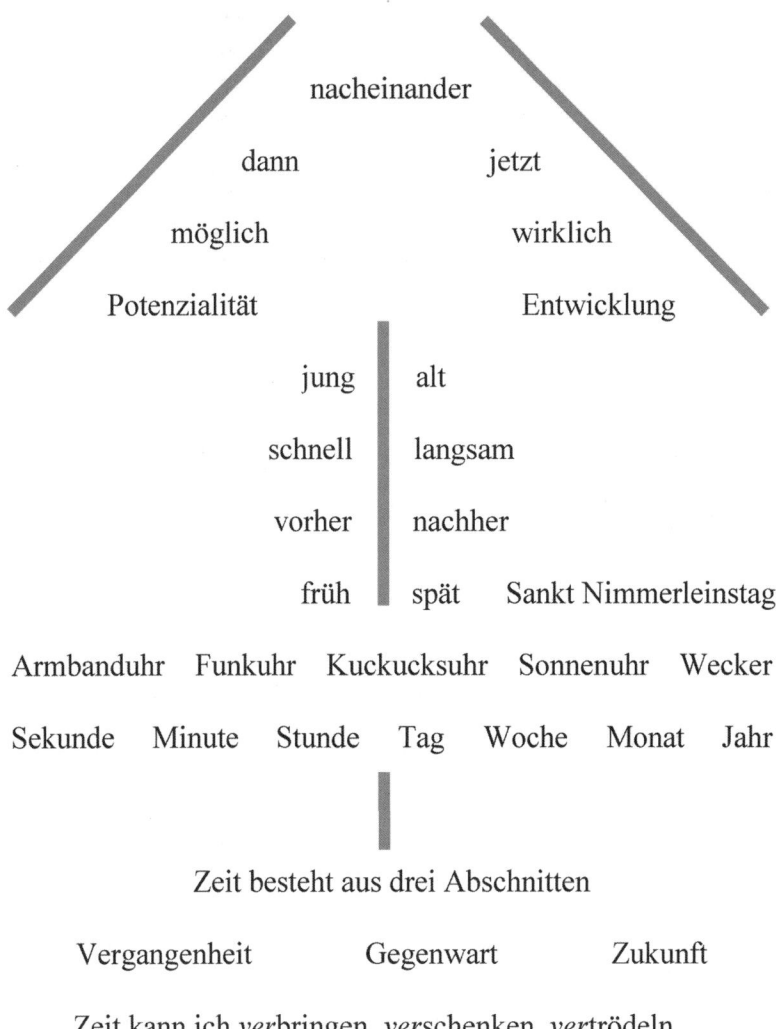

Abb. 5: Ein Zeitpfeil, geschaffen mit zeitlichen Begriffen

Räumliche und zeitliche Distanz unterscheiden sich voneinander in einer elementaren Eigenschaft: Zeit erlaubt kein »hin und her«, sondern bloß ein »hin zum Ziel«. Zeitreisen in die Vergangenheit sind lediglich Science-Fiction, weil Zeit – anders als Raum – nur eine einzige Richtung kennt: vorwärts. Ein Zeitpfeil zeigt von der Vergangenheit über die Gegenwart bis zur Zukunft und verankert ein bedeutsames Prinzip: *Jede Wirkung folgt stets ihrer Ursache.* Kein einziges Experiment hat diese Besonderheit von Zeit jemals in Frage gestellt, aber lässt sich aus dem Zeitpfeil schlussfolgern, dass die Ewigkeit doch eine Art »Immer ab dem Tod« sei? Nein! Die Ewigkeit wäre dann nämlich nicht absolut, sondern für jeden etwas anderes – abhängig vom Zeitpunkt des Todes.

Die moderne Physik hat schon heute viele Hinweise darauf, dass es tatsächlich Zustände der Distanzlosigkeit gibt, die keineswegs gleichbedeutend sind mit dem Nichts. Ich meine die sogenannten *Verschränkungen*[36] in der Quantenwelt; diese Zustände sind nicht mehr an einen Ort gebunden – lokal –, sondern können überall im ganzen Kosmos präsent sein. Das ist Ganzheit pur! Im Buch *Lucy im Licht*[37] beschreibe ich ein außergewöhnliches Experiment: Mit einem Laser lässt sich ein verschränkter Lichtzustand herstellen, der an verschiedenen Orten beobachtet wird. Dabei scheint jedes Lichtteilchen Telepathie zu betreiben, weil es über die Messung an einem anderen Teilchen spontan informiert ist,[38] selbst wenn sich die Messapparate weit voneinander entfernt befinden. Es ist in etwa so, als würde ein Auto in Berlin »spüren«, dass ein Auto in München nach links abbiegt. Möglich ist das nur, wenn es sich dabei um dasselbe Auto handelt. Dann schrumpft nämlich für das Auto die räumliche Distanz zwischen beiden Orten auf den Wert null – das Gegenüber wird zum Selbst. Vielleicht werden wir mit der Sprache der Quantenphysik zukünftig sogar das Bewusstsein verstehen; denn auch Bewusstsein ist Beziehung zu sich selbst.

Lucy fragt:
Was ist das Nirwana?

Lucy antwortet:
Ein Zustand der Ichlosigkeit.

Frage 18: Was ist das Nirwana?

Höchstes Ziel im Buddhismus ist die Erleuchtung bezüglich aller möglichen Leidensursachen – beispielsweise durch Meditation – und sodann die Erlösung von allem Leid. Dieser Zustand heißt im Buddhismus *Nirwana*. Der Begriff des Nirwana ist nur schwer in Worte zu fassen. Wer eine einigermaßen verständliche Erklärung sucht, kann beim Internetlexikon Wikipedia fündig werden:»Man ist dabei nicht mehr der, als den man sich selbst kennt, sondern in der Nirwana-Erfahrung ist das Ich verloschen. Wer endgültig ins Nirwana eingeht, kann in nichts mehr als Person wiedergefunden werden. Manche meinen, dieses vollständige Verlöschen des Ichs im Nirwana bedeute eine Auflösung und Vernichtung der Person. Dies ist insofern nicht richtig, als die Annahme einer Person nur eine Täuschung und damit nie wirklich existent war.«[39] Auch für den Dalai Lama ist das Ich nur eine Illusion:»Da wir miteinander handeln und uns gegenseitig beeinflussen, müssen wir annehmen, dass wir nicht unabhängig voneinander existieren.«[40] Ich dagegen glaube an das Nirwana *und* an die diesseitige Individualität – also an die Verbindung von Körper und Seele zum Ich.

Es ist bedauerlich, dass der deutsche Philosoph Schopenhauer das Nirwana irrtümlicherweise einfach als das Nichts gedeutet hat.[41] Sein Irrtum hat leider mit dazu beigetragen, dass viele Menschen der westlichen Kulturen dem Buddhismus heute immer noch ein nihilistisches Weltbild unterstellen. Dazu wäre es womöglich nie gekommen, wenn Schopenhauer erkannt hätte, dass das Nirwana nicht einfach mit dem Nichts gleichzusetzen ist, sondern nur mit der Ichlosigkeit. Im Nirwana ist jedes Ich erloschen, weil es nach Antwort Nr. 16 mit seinem Körper stirbt; *aber daraus folgt nicht, dass auch jede Seele erlischt.* Wenn alle Ichs erloschen sind, gibt es nicht mehr viele Verschiedene, sondern nur noch Eins.

Das Nirwana ist ein Zustand der Ichlosigkeit.

Warum hatte Schopenhauer eigentlich unrecht? Warum kann das Nirwana nicht das Nichts sein? Um diese Frage zu beantworten, werfen wir einen Blick auf die physikalischen *Erhaltungsgrößen*. Was versteht die Physik unter einer Erhaltungsgröße? Eine Größe wie zum Beispiel die Energie, der Impuls oder die Ladung bleibt erhalten, wenn sie sich nicht mit der Zeit ändert. So eine Aussage bezieht sich aber immer nur auf ein in sich geschlossenes System. Der ganze Kosmos ist ein solches System. Alle in ihm enthaltene Materie, die eine bestimmte Menge an eingesperrter Energie mit sich trägt, kann sich nicht einfach so in nichts auflösen. Materie darf zwar zerfallen, jedoch nur in andere Materie oder in Energie. Weil die gesamte Energie im Kosmos vor und nach jedem Zerfall erhalten bleibt, sprechen die Physiker von *Energieerhaltung*. Die gesamte Energie im Kosmos ist ohne zeitliche Veränderung, also zeitlich konstant, aber nicht ohne Zeit; sie hat zu jedem Zeitpunkt denselben Wert, ist also nicht zeitlos, sondern zeitlich distanzlos.

Sollte irgendwann alle Materie im Kosmos verschwinden, so darf wegen der Energieerhaltung nicht das Nichts übrig bleiben. Eines muss selbst im Endzustand vorhanden sein, da es nicht vernichtet werden kann: Energie. Energie kann sehr wohl auch unabhängig von Materie existieren, nämlich als das Licht. Sowohl Materie als auch Licht tragen Energie. Eingesperrt ist sie jedoch nur in Form von Materie. Wenn Materie zerfällt, lässt sie die in ihr enthaltene Energie in Form von Licht frei, wobei es sich auch um ein für das Auge unsichtbares Licht handeln kann, wie das infrarote oder das ultraviolette Licht. Diese Gedanken zur Energieerhaltung führen uns zu einer höchst brisanten Schlussfolgerung: *Weil Masse und Energie heute im Universum existieren, kann allein aufgrund der Energieerhaltung niemals bloß das Nichts übrig sein.* Folglich ist das Nirwana nicht das Nichts; doch es kann durchaus ein Zustand der Ichlosigkeit sein, weil das Ich keine Erhaltungsgröße ist.

Ein Ich kann sich nicht wegdenken und erfassen, was Ichlosigkeit heißt, aber es gibt im Hinduismus ein anschauliches Gleichnis für das erlöschende Ich: »Die Bienen sammeln denselben Honig von den verschiedensten Bäumen; der Honig bleibt erhalten, aber jede einzelne Honigprobe vergisst – wenn sie einmal gesammelt ist – ihre spezielle Herkunft von einem bestimmten Baum. So wissen die einzelnen Seelen, die in das große Selbst-Sein eingehen, nicht mehr, woher sie kamen und wohin sie gegangen sind; sie gehören zum Sein ohne Einzelbewusstsein.«[42]

Hast du schon über das Motiv des Buchcovers meditiert? Es stellt auch ein Gleichnis dar, jedoch nicht in Worten, sondern in Farbe: Die Seele deines besten Freundes sei Blau, deine sei Grün, und die deines ärgsten Feindes sei Rot. Wenn alle Farben des Lichts – also alle Seelen – durch ein Prisma gelenkt werden, verschmelzen sie zu einem gemeinsamen Farbton: Weiß. Wie war das doch gleich? Blau = dein Freund, Grün = du, Rot = dein Feind, Weiß = alle. Ich glaube, dass alle Seelen eins werden in Gott: Gott = Weiß = Alles. Ohne die beiden Gleichheitszeichen: *Gott weiß alles!* Vor diesem Hintergrund ist alles, was jetzt folgt, völlig verfehlt.

Blau ist gut; Rot ist schlecht.
Blau hält sich für wichtiger als Rot.
Blau verdient ein Managergehalt; Rot verarmt.
Blau drängelt auf der Autobahn; Rot überschlägt sich.
Blau verschiebt Geld nach Liechtenstein; Rot zahlt seine Steuern.

Blau denkt nur an sich.
Blau übt Gewalt aus; Rot leidet.
Blau verpestet die Umwelt; Rot erstickt.
Blau spekuliert gierig an der Börse; Rot verhungert.
Blau sprengt sich in die Luft; Rot, Gelb und Grün finden den Tod.

Ich halte es für äußerst wichtig, dem Ich seine Grenzen zu setzen. Wenn sich jeder selbst der Nächste ist, stirbt die Welt im eigenen Müll. Ähnliches trifft übrigens auch auf Staaten und auf Betriebe zu. Ein Staat mit Weitblick sollte nie nach maximaler Macht und maximalem Territorium streben, sondern nach dem Wohlergehen all seiner Bürgerinnen und Bürger sowie aller anderen Menschen, weil wir auf der kleinen Erde alle Nachbarn sind. Ein Betrieb mit Weitblick sollte nie nach dem maximal möglichen Profit streben, sondern nach dem vielleicht geringeren, aber sozial verträglichen Profit, der auch das Wohl all seiner Beschäftigten berücksichtigt. Wer mehr zum Teilen hat, gibt mehr ab. Diese Lebenseinstellung drängt jedes Ich in den Hintergrund, stärkt den Teamgeist und ist die optimale Vorbereitung auf die Ichlosigkeit im Nirwana. Gier, Hass und Unwissenheit sind im Nirwana überwunden – an deren Stelle treten die Vollkommenheit, die Liebe und das Wissen.

Leider sieht das 21. Jahrhundert auf der Erde ganz anders aus. Es scheint unter dem Motto »Hauptsache ich, nach mir die Sintflut« zu stehen. Viel zu oft fragen wir: Was habe ich davon? Was krieg ich dafür? Lohnt sich das für mich? Viel zu oft wird abgerechnet, abgesahnt, abgezockt. Mit dem Nachbarn, mit der Krankenkasse, mit den Gutgläubigen. Viel zu oft werden Staat und Gesellschaft als Selbstbedienungsläden betrachtet, in denen alles gratis zu sein scheint. In welcher Welt leben wir eigentlich? Geht es überhaupt noch ohne Ellenbogenmentalität und Korruption? Ich muss nicht immer das Maximale kassieren und andere dabei über den Tisch ziehen. Jeder prüfe sich selbst mit drei simplen Fragen, ehe es zu spät ist: Was kann ich alles für den Menschen tun, dem ich heute als Nächstes begegne, ohne eine Gegenleistung zu erwarten? Wie gelingt es mir, einem Unbekannten etwas zu schenken, was auch mir viel bedeutet? Wie schaffe ich es, auf das zu verzichten, was mir zusteht? *Kein Gesetz verbietet es mir zu verzichten!*

Frage 18: Was ist das Nirwana?

Womöglich komme ich mit solchen Gedanken zum Nirwana dem Buddhismus am nächsten. Es wäre fatal, wenn die gesamte Welt tatenlos zusieht, wie der Buddhismus durch eine politische Macht unterdrückt und bekämpft wird. Immerhin ist der Buddhismus die friedlichste Religion, die wir haben. Konflikte zwischen Religion und Politik sind typisch für ein relatives Diesseits. Sie resultieren immer daraus, dass jeder sich selbst der Nächste ist. Das absolute Nirwana kennt keine Konflikte, weil es bedingungslos wahr ist.

Spätestens im Sterben wird von uns allen etwas erwartet, was uns nicht leichtfallen wird: *das Loslassen vom Ich.* Allerdings gibt es eine Möglichkeit, wie wir uns bereits hier im Diesseits auf dieses wichtige Loslassen vorbereiten können: *selbstloses Handeln.* Das ist schon ein Vorgeschmack auf das Nirwana. Nur wenn ich beim Handeln nicht an den eigenen Vorteil denke, handle ich selbstlos. Je öfter ich mich hierin übe, umso leichter wird mir der Abschied fallen, sobald irgendwann meine allerletzte Stunde schlägt ...

Was ist, *nachdem* meine allerletzte Stunde geschlagen hat? Nach Antwort Nr. 16 stirbt mit meinem Körper auch mein Ich – das ist das Nirwana. Nur meine Seele kann bis zur Ewigkeit vordringen. Ich glaube, dass die Seele unsterblich ist, nicht die Individualität. Aber wie schafft es eine Seele, den Zustand der Distanzlosigkeit zu erreichen? Ich beschreibe in den beiden Büchern *Lucy mit c*[43] und *Lucy im Licht*[44] eine Möglichkeit, die sogar mit der modernen Physik im Einklang ist: Wenn die Seele auf Lichtgeschwindigkeit beschleunigt wird, dann ist sie distanzlos wie das Licht und nach Antwort Nr. 17 in der Ewigkeit. Die Relativitätstheorie bietet nur diese Möglichkeit zur Überwindung aller Distanzen an; seien wir doch froh, dass auch in der Physik eine solche Nische besteht!

Die Ewigkeit existiert tatsächlich – im Licht.

Was ist das Jenseits?

Die Ewigkeit und das Nirwana.

Frage 19: Was ist das Jenseits?

Wollen wir nochmals über den gefüllten Becher philosophieren? In Abbildung 6 sind drei verschiedene Zustände dargestellt: voll, halb voll beziehungsweise halb leer und leer. Wir erinnern uns: Nur der volle und der leere Becher stehen für absolute Zustände.

Abb. 6: Ist der mittlere Becher halb voll oder halb leer?

Der mittlere Becher ist für Optimisten halb voll, für Pessimisten dagegen halb leer. Optimisten und Pessimisten kommen deshalb zu ihren verschiedenen Einschätzungen, weil sie unterschiedliche Maßstäbe anlegen. Auch in Bezug auf die Existenz eines Jenseits gibt es Optimisten und Pessimisten: Die Gläubigen glauben daran und sind daher optimistisch; die Ungläubigen glauben nicht daran und sind daher pessimistisch. Ich stelle die folgende Behauptung auf: *Das Jenseits ist ein voller Becher in Bezug auf die Liebe und das Wissen, aber ein leerer Becher in Bezug auf das Ich.* Ich habe gleich zwei Zuckerbrote zu verteilen: Die Gläubigen haben wohl recht, wenn sie das Jenseits mit der Fülle von Liebe und Wissen gleichsetzen; aber auch die Ungläubigen haben wohl recht, wenn sie das Jenseits mit der Leere vom Ich gleichsetzen. Gläubige und Ungläubige können sich näherkommen, wenn sie das Jenseits als beides auffassen – also als Fülle *und* als Leere. Darum mache ich folgenden Vorschlag: Wir beenden den unseligen Streit zwischen

106

Gläubigen und Ungläubigen um die Existenz des Jenseits, indem wir das Jenseits als die Ewigkeit *und* als das Nirwana betrachten. Mit diesem Schachzug fördern wir auch den so wichtigen Dialog zwischen den Religionen, aus denen diese Begriffe stammen.

Das Jenseits ist die Ewigkeit und das Nirwana.

Jetzt fehlt nur noch ein kleiner Schritt, und selbst die letzte Lücke in meinem Weltbild schließt sich wie von Gottes Hand: Der leere Becher in Bezug auf das Ich ist das Nirwana, aber warum soll der volle Becher in Bezug auf die Liebe und das Wissen die Ewigkeit sein? Mit anderen Worten: Was soll denn die Ewigkeit mit Liebe und Wissen zu tun haben? Bitte stelle all deine Sinnesorgane auf Empfang, denn jetzt folgt der Höhepunkt des Buches; er beschert mir auch heute immer noch eine Gänsehaut.

> **Der Schlüssel zur Ewigkeit**
> Räumlich distanzlos heißt auch »in absoluter räumlicher Nähe zu allem, was irgendwo ist« – also allliebend.
>
> Zeitlich distanzlos heißt auch »in absoluter zeitlicher Nähe zu allem, was irgendwann geschieht« – also allwissend.
>
> Ewig (= räumlich und zeitlich distanzlos) ist also gleichbedeutend mit allliebend und allwissend.

Bezüglich kritischer Fragen sind nicht alle Religionen so tolerant wie das Christentum. Allerdings verstehe ich meinen christlichen Glauben auch als Aufforderung, Überliefertes in Frage zu stellen. Der folgende Gedanke mag zwar auf den ersten Blick unbequem sein, ist jedoch durchaus mit dem christlichen Glauben vereinbar:

Nach Antwort Nr. 4 ist räumliche Distanz eine Voraussetzung für Individualität und Beziehung. Ohne räumliche Distanz kann also gar kein persönlicher Gott existieren. Nur im Diesseits – in einer Welt mit Distanz – ist die Beziehung zu einem persönlichen Gott möglich. Diese Erkenntnis bringt mich auf einen ungewöhnlichen Gedanken: *Gott ist beides – persönlich im Diesseits und kosmisch im Jenseits!* Der Gedanke klingt sensationell, ist aber keineswegs gewagt, sondern einfach nur konsequent. Er bietet uns endlich die Chance auf dauerhaften Frieden, weil sich verschiedene religiöse Überzeugungen in ihm wiederfinden können.

Ich denke, dass sogar die Weltbilder von Naturwissenschaft und Religion mit einem kosmischen und zugleich persönlichen Gott wunderbar vereinbart werden können! Albert Einstein hat gesagt: »Die Hauptquelle der heutigen Konflikte zwischen Religion und Wissenschaft liegt im Konzept eines persönlichen Gottes.«[45] Im Diesseits ist es durchaus erlaubt, sich Gott als eine Persönlichkeit vorzustellen. Tatsächlich liegt eine solche Vorstellung nahe, weil wir Beziehungswesen sind und allein zu einem persönlichen Gott eine Beziehung aufbauen können, beispielsweise im Gebet. Diese Aufgabe ist im Christentum fantastisch gelöst, indem es Christus als Mensch gewordenen Gott betrachtet. Christus ist persönlicher Gott im Diesseits. Einsteins Gott, der weder Gebete anhört noch Wunder vollbringt, sondern sich in der kausalen Natur offenbart, ist jedoch genauso legitim – als kosmischer Gott im Jenseits.

Kleine Rückschau
In diesen drei Kapiteln habe ich erläutert, was das Jenseits ist: Ewigkeit und Nirwana zugleich. Die Ewigkeit ist ein Zustand der Distanzlosigkeit, das Nirwana ist ein Zustand der Ichlosigkeit. Wegen der Energieerhaltung ist das Nirwana nicht das Nichts.

Nahtod-
erfahrungen

Welche Türen können wir mit den vielen Schlüsseln öffnen, die das Leben uns bietet, wenn wir danach suchen? Alle Lebewesen müssen am Anfang und am Ende ihres Lebens durch zwei Türen: die eine führt ins Leben – die andere aus dem Leben. Ins Leben bin ich hineingeplumpst, das heißt, die erste Tür habe ich bereits geöffnet. Solange ich lebe, ist das Leben mein allerhöchstes Gut. Dennoch kann es eine äußerst sinnvolle Vorbereitung sein, wenn ich mich schon im Leben mit dem Tod auseinandersetze. Warum das? Wer immer nur in den Tag hineinlebt, lässt sich tragen. Ein derartiges passives Verhalten, das durchaus angenehm sein kann, bietet aber weder persönliche Perspektiven noch Ziele im Leben. Eigene Ziele lassen sich bloß aktiv erreichen. Wer den Tod nicht ignoriert, sondern ihn als Bestandteil des Lebens betrachtet, kann sein Leben oft bewusster führen und gestalten.

Wie war das doch gleich? Wer Neues lernen will, ist gut beraten, Erfahrene zu fragen. Dasselbe gilt auch für die zweite Tür. Wenn wir etwas über das Sterben lernen wollen, ist es aufschlussreich, sogenannte *Nahtoderfahrene* zu fragen – Menschen, die dem Tod schon sehr nahe gekommen sind. Ich habe bereits mit zahlreichen Nahtoderfahrenen gesprochen, und jedes Mal fasziniert mich ihre Gewissheit, dass der Tod nicht das Ende von allem ist. Ich kenne keinen Wissenschaftler – auch keinen Theologen –, von dem eine ähnliche Ausstrahlung ausgeht. Es könnte auch kaum anders sein, da niemand der zweiten Tür näher kam als ein Nahtoderfahrener.

Was ist eigentlich eine Nahtoderfahrung?

Darunter verstehen wir ein Phänomen, das auftreten kann, wenn jemand für begrenzte Zeit dem Tod sehr nahe kommt – vielleicht sogar einen Herzstillstand erleidet –, dann jedoch das ganz große Glück hat, wiederbelebt zu werden, weil ein Sanitäter rechtzeitig zur Stelle ist. Typische Auslöser für Nahtoderfahrungen sind ein schlimmer Unfall, ein Herzinfarkt oder Komplikationen bei einer Operation, wobei sich nur etwa jeder fünfte solcher Patienten an eine Nahtoderfahrung erinnert.[46] In den Industriestaaten macht bereits jeder zwanzigste Mensch irgendwann eine Nahtoderfahrung, die oft aus den folgenden Kernelementen besteht.[47]

• Eine außerkörperliche Erfahrung.
• Ein Tunnelerlebnis mit einem hellen Licht an dessen Ende.
• Eine Lebensrückschau.

Seit dem Vormarsch der Medizintechnik, der sowohl positive als auch negative Aspekte hat, wächst die Zahl der Nahtoderfahrenen kontinuierlich von Jahr zu Jahr. Hatte noch bis vor fünfzig Jahren kaum jemand einen Herzstillstand überlebt, so können heute viele Patienten glücklich darüber sein, dank modernster Notfallmedizin wiederbelebt zu werden. Die Schulmedizin versucht heute immer noch, Nahtoderfahrungen *physiologisch* (Sauerstoffmangel) oder *pharmakologisch* (Endorphine) oder *neurologisch* (überfordertes Gehirn) als Halluzinationen zu deuten. Es ist müßig, sich intensiv mit diesen Theorien zu befassen, weil sie sich mit einem einzigen Gegenbeispiel widerlegen lassen: Der Körper von Pam Reynolds wurde während einer Hirnoperation auf 15 Grad Celsius gekühlt. Trotz Narkose und Herzstillstand konnte Pam nach der Operation glaubhaft vor Zeugen berichten, welches Wissen ihr während der Operation zuteilwurde:[48] Sie schilderte detailliert den Ablauf der Operation, erinnerte sich an die hierbei geführten Gespräche und beschrieb die Eigenschaften einer Knochensäge, die sie nie zuvor gesehen hatte. Weder physiologisch noch pharmakologisch, noch neurologisch lässt sich verstehen, wie sie das alles wissen konnte. Wozu auch? Für Pams Erlebnis gibt es eine natürliche Erklärung: *Ihre Nahtoderfahrung war keine Halluzination, sondern real.*

Skeptiker dieser Realität beziehen sich gerne auf ein Experiment des Neurologen Olaf Blanke, der bei einer Epilepsiepatientin den sogenannten *Gyrus angularis* – einen wichtigen Knotenpunkt für Sinneswahrnehmungen – elektrisch gereizt hat.[49] Seine Patientin berichtete daraufhin von einer außerkörperlichen Erfahrung: Sie hatte plötzlich das Gefühl, sich außerhalb ihres eigenen Körpers zu befinden. Blanke interpretierte dieses Ergebnis so, dass er nun endlich das Hirnareal identifiziert habe, das für das Auftreten von Nahtoderfahrungen zuständig sei. Dies wird heute jedoch als ein Trugschluss angesehen, da Blanke die Erfahrung seiner Patientin künstlich ausgelöst hat. Im Gegensatz zu einer Nahtoderfahrung erlebte seine Patientin nicht, wie sich ihr Bewusstsein allmählich erweiterte. Blankes Patientin hatte nur eine Illusion, die sich mit einer Nahtoderfahrung grundsätzlich nicht vergleichen lässt.

Beim Sterben wird die Seele auf Lichtgeschwindigkeit beschleunigt.

Diese Hypothese habe ich schon in den Büchern *Lucy mit c*[50] und *Lucy im Licht*[51] aufgestellt, nachdem ich mich intensiv mit vielen Nahtoderfahrungen beschäftigt hatte. Ich stehe heute weiterhin zu meiner Hypothese – allerdings setze ich die Seele nicht mehr mit einem »geistigen Ich« gleich, sondern mit der gefühlten Liebe und dem gelernten Wissen. Solange ich lebe, ist meine Seele räumlich und zeitlich in der Nähe meines Körpers konzentriert. *Diese hohe Konzentration von Körper und Seele ist mein Ich.* Während mein Körper stirbt, dehnt sich meine Seele immer weiter aus, wodurch ihre Konzentration in der Nähe meines Körpers geringer wird. In genau dieser Phase kann es zu einer außerkörperlichen Erfahrung kommen. Meine Seele ist jedoch erst dann in der Ewigkeit, wenn sie die Lichtgeschwindigkeit erreicht hat.

Die Lichtgeschwindigkeit ist eine Art Eintrittskarte ins Jenseits.

Da meine Gedanken schon eine rege Diskussion ausgelöst haben, möchte ich hier nochmals meine Beweggründe zusammenfassen: Die Arbeitsgruppe um Hanns Ruder an der Universität Tübingen hat mit Hilfe von Einsteins Relativitätstheorie simuliert, wie wir unsere Umgebung bei einem Flug mit Fast-Lichtgeschwindigkeit wahrnehmen würden.[52] Sie fanden heraus, dass wir hierbei durch einen dunklen Tunnel rauschen mit einem hellen Licht an dessen Ende. Originalfotos hierzu sind in den Büchern *Lucy mit* c[53] und *Lucy im Licht*[54] abgedruckt. Von einem solchen Tunnel berichten auch viele Nahtoderfahrene. Verblüffend ist, dass das Phänomen sowohl in der Relativitätstheorie als auch bei Nahtoderfahrungen stets mit sehr hohen Geschwindigkeiten verknüpft ist. Ein Zufall? Meine Hypothese baut auf die einzige physikalische Möglichkeit, wie sich ein Zustand der Distanzlosigkeit erreichen lässt: Nur bei einer Bewegung mit Lichtgeschwindigkeit fällt jede Distanz weg. Die Tatsache, dass sich Naturwissenschaft, Sterbeforschung und Religion mit einer einfachen Hypothese zusammenführen lassen, ermutigte mich, meine Gedanken auch zu veröffentlichen. Diese Einfachheit kann mir heute kein anderes Weltbild bieten.

Ich gehe nur so weit, wie ich es mit der Physik vereinbaren kann. Manchmal wird mir entgegnet, dass der unphysikalische Begriff »Seele« nicht mit dem physikalischen Begriff »Beschleunigung« verquickt werden dürfe; doch warum eigentlich nicht? Beschreibt die Physik etwa eine andere Welt als die Theologie? Der Begriff »Liebe« gehört auch nicht zum Vokabular der heutigen Physik – aber darf ich der Liebe deshalb etwa keine »Kraft« zuschreiben? Die Liebe hat eine Kraft, die sehr viel bewirken kann. Wenn die Physik nicht den Dialog mit anderen Wissenschaften sucht, wird sie zu einem Dogma. Dialog setzt stets eine gemeinsame Sprache voraus, die natürlich zur Verquickung von Begriffen führen kann. Dass noch niemand die Beschleunigung der Seele beobachtet hat, ist nicht ausreichend, um sie allgemein auszuschließen. Zwischen »nicht möglich« und »noch nicht beobachtet« liegen Welten: Die Physik wäre sehr schlecht beraten, wenn sie bloß das gelten ließe, was schon lange bekannt ist. Einstein hat seine Relativitätstheorie nur deswegen formulieren können, weil er die bis dahin geltende Meinung – Raum und Zeit seien absolut – in Frage gestellt hatte. Als neugieriges Mädchen habe ich gelernt, jede Hypothese ernst zu nehmen, solange sie nicht widerlegt ist. *Da aus heutiger Sicht nichts dagegen spricht, lasse ich zu, dass die Seele existiert und dass sie auf Lichtgeschwindigkeit beschleunigt werden kann.* Ich kann meine Hypothese zwar nicht beweisen, aber doch plausibel machen: Weil nach Antwort Nr. 11 für das Licht alles distanzlos ist und weil nach Antwort Nr. 17 distanzlos dasselbe wie ewig ist und weil nach Antwort Nr. 19 ewig mit allliebend und allwissend gleichbedeutend ist, sind im Licht alle Liebe und alles Wissen. In meiner Hypothese behaupte ich das Gleiche mit anderen Worten: Alle Seelen – Liebe und Wissen – werden ins Licht beschleunigt.

Wenn wir uns ernsthaft mit Nahtoderfahrungen befassen wollen, dann dürfen wir sie nicht von vornherein als Illusion abstempeln. Im Gegenteil: Wer sich mit einem Nahtoderfahrenen über dessen Erlebnis unterhält, dürfte sehr angenehm überrascht sein, welche Gewissheit er in Bezug auf das Erlebte ausstrahlt. Dazu ein Zitat vom Facharzt Michael Schröter-Kunhardt: »Der luzide Charakter von Nahtoderfahrungen, also die Klarheit und Lebendigkeit der erlebten Welt, ist meiner Ansicht nach ein Hinweis auf die reale Existenz des Erlebten.«[55] Nahtoderfahrene glauben nicht mehr – sie wissen, dass im Leben nur zwei Werte wirklich wichtig sind. Nach Raymond Moody, dem Pionier der Nahtodforschung, sind das – dreimal darfst du raten – die Liebe und das Wissen.[56] Nun wird ersichtlich, wie nützlich meine Definition von Seele ist: Sie beinhaltet nämlich das, was Millionen von Nahtoderfahrenen als das Allerwichtigste im Leben bezeichnen. *Ist das Leben vielleicht so konzipiert, dass das Allerwichtigste zugleich das Ewige ist?*

Im Diesseits ist das Leben gewiss wichtiger als der Tod. Ich lebe im Hier und Jetzt. Dennoch steht uns allen die wohl bedeutendste Erfahrung noch bevor – das Sterben. Weil es sich dabei um einen zeitlichen Vorgang handelt, ordne ich es dem Diesseits zu. Viele Nahtoderfahrene berichten, dass sie im Sterben ihr ganzes Leben nochmals als eine Lebensrückschau vorgespielt bekamen.[57] Das Besondere an dieser Rückschau ist, dass sie das Erlebte nicht nur aus der Ich-Perspektive zeigt, sondern aus den Perspektiven aller, die am eigenen Leben irgendwie beteiligt waren.[58] Wer im Leben andere gehasst hat, erfährt in seiner Rückschau, was die von ihm Gehassten dabei gefühlt haben. Und wer im Leben andere geliebt hat, erfährt in seiner Rückschau, was die von ihm Geliebten dabei gefühlt haben. *Diese Fülle an verschiedenen Perspektiven macht die Lebensrückschau zum lehrreichsten Lehrbuch der Welt.*

Die Lebensrückschau ist die Vorstufe von etwas, das wir hier im Diesseits nur erahnen können. Wenn ich im Sterben mein Leben aus den Perspektiven aller Beteiligten betrachten kann und wenn ich sogar erfahre, was die Beteiligten damals gefühlt haben, dann lässt sich daraus bloß eine sinnvolle Schlussfolgerung ziehen: Im Sterben dehnt sich meine Seele aus, wodurch ihr das Wissen von allen zuteil wird, die an meinem Leben beteiligt waren. Demnach deutet sich bereits im Sterben an, dass die Grenzen zwischen den Individuen zerfließen. Was heißt das – extrapoliert auf den Tod?

Im Jenseits sind alle Ichs aufgelöst und alle Seelen eins.

Wieder passt meine Hypothese, weil die Distanzen zwischen den Seelen erst beim Erreichen der Lichtgeschwindigkeit wegfallen.

Unser Intermezzo über Nahtoderfahrungen endet mit dem Bericht einer Betroffenen: »Ich schwebte heraus aus diesem Tunnel und sah mich einem Licht, einer Helligkeit, einer strahlenden Wolke – etwas Unbeschreiblichem – gegenüber ... Diese Helligkeit war keine Person oder eine erkennbare Lichtquelle. Mir strahlte sanft die absolute Liebe entgegen, das, was man sich immer wünscht; ein warmes Leuchten, ein liebevolles Warten auf mich, etwas, das mich gleich aufnehmen würde und in dem ich voller Glück aufgehen würde. Dieses Hineinstreben-Wollen war so stark, wie ich im Leben nie etwas empfunden habe. Ich näherte mich immer mehr dem Licht. Es war gar nicht mehr weit von mir, da sah ich mein ganzes Leben in bewegten Bildern, lauter einzelne Szenen. Es war aber kein Ablauf wie bei einem Film – Bild für Bild –, sondern alles geschah gleichzeitig um mich herum; ich befand mich wie in einer kugelförmigen Wolke aus diesen wimmelnden Bildern bekannter Menschen und Geschehnisse. Ich begriff auch gleichzeitig alle Bilder und Handlungen auf einmal im selben Moment; es war selbstverständlich und vor allem, es interessierte mich überhaupt nicht, weil mein ganzes Sinnen und Trachten nur darauf gerichtet war, endlich in das Licht einzugehen. In dieser Phase war es schon wie ein Auflösen meiner selbst: Ich war nicht mehr Person, sondern eher wie ein theoretisches Ergebnis meines Lebens, nur noch meine Taten und Erlebnisse machten mich aus. Ich war nicht mehr ein Ich, sondern nur noch so etwas wie eine Essenz.«[59]

Ich danke Inge, dass sie dieses Schlüsselerlebnis mit uns teilt. In einer wunderschönen Sprache beschreibt sie, wie sich ihr Ich bis auf eine Essenz auflöst und ihre Individualität allmählich erlischt. Einblicke in ungeahnte Zusammenhänge lassen sie wissen, nicht nur ein Teil, sondern das Ganze zu sein. Inges Bericht ist bestens geeignet, um uns auf die folgenden Kapitel einzustimmen.

Lucy fragt:
Was war vor dem Urknall?

Lucy antwortet:
Das Absolute hat kein Davor.

Nach Antwort Nr. 12 ist das Universum vor etwa 13,7 Milliarden Jahren in einem Urknall entstanden. Dieser Wert ist jedoch nicht absolut, sondern bezieht sich auf die heutige irdische Auffassung von Zeit. Auf der Erde haben alle Menschen ungefähr denselben Maßstab für Zeit, weil unsere relativen Geschwindigkeiten klein sind, verglichen mit der Lichtgeschwindigkeit. Wenn eine Person aber mit 87 Prozent der Lichtgeschwindigkeit unterwegs wäre, so würde sie das Alter unseres Universums nur noch auf etwa sieben Milliarden Jahre schätzen. Für das Licht, das im Urknall entstand und sich seitdem mit Lichtgeschwindigkeit durch das All bewegt, schrumpft dessen Alter sogar bis auf den Wert null. Die absolute Weltzeit ist nur eine Illusion. Die Altersangabe »13,7 Milliarden Jahre« ist wie jede Zeitdauer mit äußerster Vorsicht zu genießen. Sie gilt nicht für jeden Beobachter. Je schneller sich eine Person bewegt, umso jünger ist für sie das ganze Universum. Zeit wird auch durch die Anwesenheit von Materie verlangsamt. Kurz nach dem Urknall war der Kosmos noch so kompakt, dass Zeit damals wegen der hohen materiellen Dichte deutlich langsamer gelaufen ist. Im Urknall verstrich Zeit sogar unendlich langsam: Sie wurde erst im Augenblick des Urknalls vom Licht geboren.

Die oft gestellte Frage »Was war vor dem Urknall?« setzt voraus, dass alles ein Davor hat; aber das ist nicht korrekt. Die kosmische Hintergrundstrahlung ist das Einzige, was wir heute vom Urknall messen können. Wenn das Licht diese Frage beantworten könnte, würde es uns alle überraschen: *Das Absolute hat kein Davor.* Ein Vergleich: Die Weltalltemperatur beträgt am absoluten Nullpunkt 0 Kelvin oder −273,15 Grad Celsius. Absolut bedeutet: Kälter als der absolute Nullpunkt geht nicht! Der Messwert »−1 Kelvin« ist physikalisch genauso unmöglich wie das Vorhaben, von nur zwei vorhandenen Äpfeln drei Äpfel zu essen. Das Gleiche gilt für den Urknall: Früher als der absolute Nullpunkt von Zeit geht nicht!

Lucy fragt:
Wo liegt das Jenseits?

Lucy antwortet:
Nicht außerhalb des Diesseits.

Wenn im Jenseits alles räumlich distanzlos ist, so gibt es zu ihm kein Außerhalb. Deswegen kann auch niemand in einem solchen Jenseits eintreffen. Nur zwei Alternativen existieren.

A) Ich werde nie im Jenseits sein.

B) Ich bin immer im Jenseits.

Die Alternative B schließe ich aus, weil das Jenseits für mich die Ewigkeit und zugleich das Nirwana – die Ichlosigkeit – ist. Somit bleibt lediglich die Alternative A übrig: Ich werde nie im Jenseits sein. Ich weiß, wie unbequem dieser Gedanke zunächst ist. Viele Gläubige hoffen darauf, dass ihre Individualität auch den eigenen Tod überlebt. Ich halte das aber für ein Wunschdenken, weil nach Antwort Nr. 4 Individualität in räumlicher Distanzlosigkeit nicht möglich ist. Ungläubige wittern nun vielleicht ihre große Chance gemäß dem Motto:»Wenn alle Individualität verlorengeht, dann bleibt nur das Nichts übrig.« Diese Schlussfolgerung wäre jedoch viel zu vorschnell. Auf Individualität zu verzichten bedeutet noch lange nicht, dass gar nichts mehr ist. Es kann durchaus sein, dass bloß das Relative – das fühlende Ich – sterblich ist, dass aber das Absolute – die gefühlte Liebe – ewig ist.

Die Liebe ist absolut, weil sie alle ohne Bedingungen gleichstellt. Hass kann nicht absolut sein, weil er an eine Bedingung geknüpft ist – an die individuelle Auffassung von Gerechtigkeit. Hass lässt Ungleichheit zu: Der Hassende stellt sich über den Gehassten.

Nach der Definition aus Antwort Nr. 15 ist meine Seele, was ich jemals liebe und weiß. Wenn ich nie im Jenseits sein werde, darf dann wenigstens noch meine Seele im Jenseits sein? Ja, sie ist es, sobald sie Lichtgeschwindigkeit erreicht hat. Aber wo liegt denn das Jenseits? Das Jenseits grenzt nicht ans Diesseits. Warum fällt diese Vorstellung vielen Menschen schwer? Weil sie gewöhnlich annehmen, dass das Jenseits *außerhalb* des Diesseits sein müsse. Der Haken dabei: Wenn im Jenseits alles räumlich distanzlos ist, kann es überhaupt nicht außerhalb des Diesseits liegen!

Das Jenseits liegt nicht außerhalb des Diesseits.

Wie kann meine Seele jetzt als ein Teil von mir im Diesseits sein, mit Lichtgeschwindigkeit ins Jenseits kommen, das aber gar nicht außerhalb des Diesseits liegt? Wie passt das zusammen? Es passt, wenn wir begreifen, dass wir unsere diesseitige Perspektive nicht auf das Jenseits übertragen dürfen. Aus unserer Perspektive – der Welt mit einem Gegenüber und mit einem Nacheinander – gibt es ein Dort und ein Hier, ein Dann und ein Jetzt, ein Du und ein Ich. Die »jenseitige Perspektive« existiert nicht, da Perspektive etwas voraussetzt, was es im Jenseits gar nicht gibt: ein Gegenüber, ein Nacheinander, ein Ich. Für mich ist das Jenseits die große *Summe* von allem, was wir im Diesseits lieben und wissen (= die Summe aller Seelen). Meine Seele entsteht zwar im Diesseits, aber sie ist ein Teil der Summe im Jenseits, sobald sie Lichtgeschwindigkeit erreicht. Dieser Gedanke ist in sich schlüssig, da ich das Jenseits nicht als eine Welt außerhalb des Diesseits betrachte.

Im letzten Absatz erläutere ich, wie das Verhältnis zwischen dem Diesseits und dem Jenseits beschaffen sein kann, ohne dass ich in einen logischen Widerspruch gerate! Darum bekommst du diesen wichtigen Absatz nochmals zu lesen, aber rechtsbündig gedruckt: Wie kann meine Seele jetzt als ein Teil von mir im Diesseits sein, mit Lichtgeschwindigkeit ins Jenseits kommen, das aber gar nicht außerhalb des Diesseits liegt? Wie passt das zusammen? Es passt, wenn wir begreifen, dass wir unsere diesseitige Perspektive nicht auf das Jenseits übertragen dürfen. Aus unserer Perspektive – der

Frage 21: Wo liegt das Jenseits?

Welt mit einem Gegenüber und mit einem Nacheinander – gibt es ein Dort und ein Hier, ein Dann und ein Jetzt, ein Du und ein Ich. Die »jenseitige Perspektive« existiert nicht, da Perspektive etwas voraussetzt, was es im Jenseits gar nicht gibt: ein Gegenüber, ein Nacheinander, ein Ich. Für mich ist das Jenseits die große *Summe* von allem, was wir im Diesseits lieben und wissen (= die Summe aller Seelen). Meine Seele entsteht zwar im Diesseits, aber sie ist ein Teil der Summe im Jenseits, sobald sie Lichtgeschwindigkeit erreicht. Dieser Gedanke ist in sich schlüssig, da ich das Jenseits nicht als eine Welt außerhalb des Diesseits betrachte.

Das Jenseits ist die Summe von aller Liebe und allem Wissen.

Das Jenseits als die Summe von etwas zu betrachten ist bestimmt gewöhnungsbedürftig. Ein Vergleich könnte da hilfreich sein. Ich vergleiche das Jenseits gerne mit einer nur einmal beschreibbaren DVD, die von mehreren Kameras aufgenommen wird: Jeder Film (jede Seele), den eine Kamera (ein Ich) aufnimmt, bereichert die fertige DVD (das Jenseits). Ich finde diesen Vergleich deshalb so schön, weil er gleich vier wichtige Gedanken von mir enthält.

- Zum Aufnehmen ist jede Kamera (jedes Ich) wichtig; *ohne die Filme (die Seelen) wäre die fertige DVD (das Jenseits) leer.*

- Jede Kamera (jedes Ich) entscheidet selbst, was sie aufnimmt, *aber der Inhalt der Filme (der Seelen) lässt sich nicht löschen.*

- Die fertige DVD (das Jenseits) enthält die Summe aller Filme (aller Seelen), *aber keine einzige Kamera (kein einziges Ich).*

- Alle Filme (alle Seelen) sind als Ganzes auf der fertigen DVD (im Jenseits) eingebrannt, *aber sie entstanden nacheinander.*

Lucy fragt:
Wann beginnt die Ewigkeit?

Lucy antwortet:
Nie, auch nicht mit dem Tod.

Frage 22: Wann beginnt die Ewigkeit?

Ein massiver logischer Denkfehler ist leider weit verbreit, weil er immer wieder von Generation zu Generation weitergegeben wird: die irrige Annahme, dass die Ewigkeit erst mit dem Tod *beginnen* würde. Diese Annahme widerspricht jeder Logik, da die Ewigkeit weder einen Anfang noch ein Ende hat. Die Ewigkeit **ist** ... Selbst wenn wir Ewigkeit anders definiert hätten – als Zeitfülle oder als Zeitlosigkeit –, könnte sie nie beginnen.

Die Ewigkeit beginnt nie, auch nicht mit dem Tod.

Wenn im Jenseits alles zeitlich distanzlos ist, dann gibt es in ihm kein Nachher. Deswegen kann auch nichts mehr in einem solchen Jenseits entstehen. Nur zwei Alternativen existieren.

A) Das Jenseits ist ein Zustand mit Inhalt.
B) Das Jenseits ist ein Zustand ohne Inhalt.

Die Alternative B schließe ich aus, weil das Jenseits für mich die Ewigkeit und zugleich das Nirwana ist und weil dieses Nirwana entsprechend Antwort Nr. 18 nicht das Nichts sein kann. Darum bleibt allein die Alternative A übrig: Das Jenseits ist ein Zustand mit Inhalt. Ich weiß, wie unbequem dieser Gedanke zunächst ist. Viele Gläubige hoffen darauf, dass auch im Jenseits so etwas wie Potenzialität existiert. Ich halte das aber für ein Wunschdenken, da nach Antwort Nr. 7 Potenzialität in zeitlicher Distanzlosigkeit nicht möglich ist. Ungläubige wittern nun vielleicht ihre Chance gemäß dem Motto:»Wenn alle Potenzialität verlorengeht, dann bleibt nur das Nichts übrig.« Diese Schlussfolgerung wäre jedoch viel zu vorschnell. Auf Potenzialität zu verzichten bedeutet noch lange nicht, dass gar nichts mehr ist. Es kann durchaus sein, dass bloß das Relative – das lernende Ich – sterblich ist, dass aber das Absolute – das gelernte Wissen – ewig ist.

Antwort 22: Nie, auch nicht mit dem Tod.

Das Wissen ist absolut, weil es alle ohne Bedingung gleichstellt. Unwissenheit kann nicht absolut sein, da sie an eine Bedingung geknüpft ist – nämlich an den individuellen Stand von Bildung. Unwissenheit lässt Ungleichheit zu. Hierzu ein kleines Beispiel: Die Rechenaufgabe 1+1 hat nur eine einzige Lösung: 2. Dieses Wissen ist für alle gleich, die es lernen. Unwissenheit lässt viele ungleiche Resultate wie 3 oder 4 oder 5 zu.

Nach der Definition aus Antwort Nr. 15 ist meine Seele, was ich jemals liebe und weiß. Wenn nichts im Jenseits entstehen kann, darf sich dann wenigstens noch die Seele im Jenseits entwickeln? Ich muss dich leider ernüchtern: Ohne ein Nachher kann sich im Jenseits auch nichts entwickeln – weder meine Seele noch deine Seele. Eine Entwicklung ist eben bloß hier im Diesseits möglich. Warum fällt diese Vorstellung vielen Menschen schwer? Weil sie gewöhnlich annehmen, dass das Jenseits auf das Diesseits *folgen* müsse und alle Entwicklungen im Jenseits fortsetzbar seien. Der Haken dabei: Wenn im Jenseits alles zeitlich distanzlos ist, kann es überhaupt nicht auf das Diesseits folgen!

Das Jenseits folgt nicht auf das Diesseits.

Gewiss hat jeder von uns schon einen lieben Menschen verloren, seien es die Großeltern, die Eltern, die Schwester, der Bruder oder, besonders schlimm, der eigene Lebenspartner, das eigene Kind, ein Freund. Manchen zerreißt es dann das Herz vor Schmerz – andere können gelassener damit umgehen. Manche denken in der Trauer nur noch an sich und an das eigene Leid – andere schaffen es immerhin, sich auszumalen, dass auch der Verstorbene traurig sein und sich sorgen könnte. Nicht jeder glaubt an Gott, und doch haben viele Menschen eine sehr vage Vorstellung davon, dass die Verstorbenen und vielleicht auch Gott im Jenseits auf uns warten könnten. Aber wie soll denn dieses Warten ohne zeitliche Distanz überhaupt funktionieren? Niemand wartet im Jenseits – weder die Verstorbenen noch Gott. Auch eine Begegnung ist ohne zeitliche und räumliche Distanz unmöglich. Im Jenseits ist die Seele eines Verstorbenen nie von meiner Seele getrennt, weil im Jenseits alle Seelen eins sind – ein Gedanke, der uns viel Trost spenden kann, wenn wir ihn konsequent denken. Findest du ihn nur originell, zu gewagt oder erlösend?

Wie kann es aber sein, dass Nahtoderfahrene berichten, sie seien verstorbenen Angehörigen oder Gott begegnet? Der Widerspruch löst sich sofort auf, wenn wir begreifen, dass Nahtoderfahrungen keine *Nach*toderfahrungen sind. Weil die Betroffenen zu keinem Zeitpunkt das Diesseits verlassen hatten, waren sie noch zu einer Begegnung fähig. Die Begegnung war aber sicher nicht physisch, sondern vielleicht eine massive Bewusstseinserweiterung, die sie danach als die Begegnung mit einem Verstorbenen oder mit Gott interpretiert haben – ähnlich wie die Begegnung in einem Gebet.

Wiederum bietet es sich an, das Jenseits als die Summe dessen zu betrachten, was wir im Diesseits lieben und wissen. Erinnern wir uns an die beschreibbare DVD; auf ihr ist jede Seele eingebrannt. Alles, was jemals geliebt und gewusst wird, ist einfach da. Jedes Warten oder Begegnen ist unnötig. So radikal der Vergleich auch klingen mag – er ist sogar mit den Weltreligionen vereinbar, falls wir uns auf die Kerngedanken wie die Liebe im Christentum oder die Meditation im Buddhismus beschränken. Wir denken oft viel zu seriell, nämlich eines geschehe nach dem anderen. Tatsächlich zählt jedoch die Summe, das Integral, das Ganze. Das Jenseits ist ein Zustand mit Inhalt. Der Satz klingt zwar recht nüchtern, ist es aber nicht, denn dieser Inhalt ist nichts Geringeres als alle jemals gefühlte Liebe und alles jemals gelernte Wissen!

Bei jeder Aussage zum Jenseits ist sorgfältig darauf zu achten, ob sie die fertige DVD (das Jenseits als Ganzes) oder ob sie die noch unfertige DVD (das Jenseits aus diesseitiger Perspektive) betrifft. Daher widersprechen sich die beiden folgenden Aussagen nicht.

A) Im Jenseits entsteht nichts mehr.

B) Aus der diesseitigen Perspektive entsteht das Jenseits erst.

Meine Begründung für die Aussage A lautet so: Die Summe von aller Liebe und von allem Wissen bildet ein Maximum, das nicht mehr wachsen kann. Mehr Liebe als »alle jemals gefühlte Liebe« geht nicht – mehr Wissen als »alles jemals gelernte Wissen« auch nicht. Meine Begründung für die Aussage B: Aus der diesseitigen Perspektive wächst das Jenseits mit jeder gefühlten Liebe und mit jedem gelernten Wissen. Die Aussagen A und B sind beide wahr, weil ich das Jenseits als die *Projektion* des Diesseits auffasse und nicht als eine von ihm getrennte Welt. Die Projektion erreiche ich dadurch, dass ich die diesseitige Summe von aller Liebe und von allem Wissen mit dem Jenseits gleichsetze.

Nach diesen Gedanken zum Verhältnis von Diesseits und Jenseits komme ich nun zurück auf meine Hypothese, dass die Seele beim Sterben auf Lichtgeschwindigkeit beschleunigt wird. Der Körper ist während der Beschleunigung noch lebendig; das Ich kann also dabei fühlen und lernen. Die Beschleunigung der Seele vermittelt dem Ich den Eindruck, zu einem sehr hellen Licht am Ende eines dunklen Tunnels zu fliegen. Weil sich die Seele hierbei ausdehnt, wird ihr auch Wissen von außerhalb des Körpers zuteil. Mit dem Eintauchen der Seele ins Licht erlöscht das Ich; darum glaube ich inzwischen nicht mehr an ein Leben nach dem Tod. Das Jenseits liegt weder außerhalb des Diesseits, noch folgt es darauf. Der Tod trennt das Jenseits somit gar nicht vom Diesseits.

Das Jenseits ist kein Leben nach dem Tod.

Schade ist, dass innerhalb der christlichen Kirche keine Einigkeit über ein Leben nach dem Tod besteht. Manche Pfarrer stellen auf Beerdigungen bewusst ein »Wiedersehen« mit den Verstorbenen in Aussicht; genau das versprechen andere Pfarrer bewusst nicht. Bei keinem noch so traurigen Anlass dürfen Hoffnungen geweckt werden, die sich vielleicht als falsch erweisen. In der Ichlosigkeit gibt es kein Ich, folglich auch kein »Wiedersehen«. Ich selbst habe viele Jahre an ein Leben nach dem Tod geglaubt, aber ich gestehe diesen Fehler heute ein. *Sterben ist das Loslassen vom Ich bis zur Vollkommenheit.* Alles, was die Seele ins Licht mitnimmt, ...

An dieser Stelle endet die diesseitige Perspektive.
Am besten machen wir jetzt einen großen Schnitt
und vergessen Raum und Zeit und uns.

Im Jenseits gibt es nur einen Zustand – das ewige Sein.

Der oben angefangene Satz endet mit ... ist ewig. Das Jenseits ist der Zustand der Vollkommenheit, der ohne jede zeitliche Distanz weder eine kurze Weile noch eine lange Weile dauern kann, also weder kurzweilig noch langweilig ist. ☺

Kleine Rückschau

Diese drei Kapitel sind besonders verblüffend. Meine Gedanken sind schlüssig, wenn das Jenseits weder außerhalb des Diesseits liegt noch auf das Diesseits folgt, sondern seine Projektion ist. Jedoch kann das Jenseits dann kein Leben nach dem Tod sein.

Lucy fragt:
Warum bin ich hier?

Lucy antwortet:
Damit ich fühle und lerne.

Frage 23: Warum bin ich hier?

Gegen Ende unseres philosophischen Fragespiels stehen jene drei Warum-Fragen auf dem Programm, die meinem Autor auf seinen Lesungen und Vorträgen am häufigsten gestellt werden. Dahinter versteckt sich stets die gleiche Kardinalfrage: Warum, Gott? Mit dieser Frage befasst sich die Menschheit, seit es Religionen gibt. Die Kardinalfrage lässt sich in zahlreichen Nuancen formulieren. Davon habe ich drei Nuancen ausgewählt, von denen ich glaube, dass sie besonders viele Menschen tief im Inneren bewegen. Die Antworten darauf werden umfangreicher ausfallen als bisher, und die eigene Intuition darf ab jetzt eine zentrale Rolle spielen.

Warum bin ich hier? Hat das Leben eigentlich einen Sinn? Kann ich darüber überhaupt irgendetwas in Erfahrung bringen? Wenn das Leben einen universellen Sinn hat, dann muss dieser meines Erachtens mit den zwei Grundstrukturen räumliche und zeitliche Distanz zusammenhängen, und er muss in gewissen Grundwerten verankert sein, die jedem Lebewesen zugänglich waren, sind oder sein werden – in der Steinzeit ebenso wie heute oder in Millionen von Jahren. Raum und Zeit werden sich hierbei kaum verändern. Doch welche Grundwerte sind so eng mit dem Leben verbunden, dass sie über eine so lange Zeitspanne erhalten bleiben, obgleich sich das Leben stetig weiterentwickelt? Nichts ist fundamentaler als das, worauf auch die sehr zahlreichen Nahtodberichte immer wieder verweisen: *Ich bin hier, damit ich fühle und lerne.* Dafür ist das Diesseits da. Seit Beginn der Evolution fühlen und lernen die Lebewesen. So wird es auch bleiben, solange es Leben gibt.

Und plötzlich passen viele meiner Antworten zueinander wie die einzelnen Teile eines Puzzles: Erst räumliche Distanz ermöglicht Beziehung (Antwort Nr. 4): eine wichtige Voraussetzung für das Fühlen. Erst zeitliche Distanz ermöglicht Entwicklung (Antwort Nr. 7): eine wichtige Voraussetzung für das Lernen. Zum Fühlen und Lernen benötige ich aber außerdem einen materiellen Körper (Antwort Nr. 10), denn Distanz allein ist noch nicht ausreichend. Was liegt näher, als dass der Sinn eines Lebens in Raum und Zeit etwas mit Fühlen und Lernen zu tun haben *muss*?

Das Fühlen ist eine elementare Erfahrung. Handelt es sich dabei um eine bedingungslose Zuneigung, also um die Bejahung ohne irgendeinen verfolgten Zweck, so sprechen wir von *Liebe*. Liebe kann nicht von äußeren Eigenschaften oder von einer erbrachten Leistung abhängen, weil sie dadurch an eine Bedingung geknüpft wäre und dann nicht auf einem vorbehaltlosen Ja beruhen würde. Liebe ist die Basis für die Beziehung zwischen Eltern und Kind, für das Verhältnis eines Liebespaars zueinander, für die Treue in einer Freundschaft und für die Solidarität innerhalb einer Gruppe. Die Entwicklung eines Kindes hängt entscheidend davon ab, wie es sich selbst fühlt – als Malheur, als Beziehungsretter oder aber als eine akzeptierte Persönlichkeit. Wenn ein Kind Liebe erfährt, gibt es diese oft tausendfach zurück.

Die Liebe ist bereits in sich sinnvoll und entsteht einfach mit der Erkenntnis:»Gut, dass es dich gibt.« Die Liebe ist uneigennützig und fragt nie:»Lohnt sich das für mich?« Deckt sich deine eigene Vorstellung von Liebe hiermit? Wer nach dem Nutzen von Liebe fragt, hat ihre wichtigste Eigenschaft – Uneigennützigkeit – noch nicht erkannt. Uneigennützigkeit bedeutet Selbstlosigkeit. Lieben ist folglich eine geeignete Möglichkeit, selbstlos zu handeln – der Vorstufe vom Nirwana. Wer aufrichtig liebt, erwartet nicht, dafür belohnt zu werden. Wer für einen guten Zweck spendet, um so in den Himmel zu kommen, handelt aus Eigennutz, nicht aus Liebe. In der Liebe verzichtet das Ich zugunsten der anderen. Die Liebe kommt von Herzen, von innen! Sie lässt sich zwar nur mit einem materiellen Körper fühlen, ist aber selbst ein immaterieller Wert.

Was folgt aus all dem? Wir können nun sicher ausschließen, dass liebende Wesen nur reine Materieprodukte sind! Weil es aber die Liebe auch in unserer materiellen Welt gibt, muss Letztere von ihr durchdrungen sein. Somit entspringen unsere materiellen Körper einer Quelle, die selbst wertschöpferisch ist und zu uns allen ein fundamentales Ja spricht. Doch wer oder was kann diese Quelle von aller Liebe sein? Schon in Antwort Nr. 13 haben wir gelernt, dass das Licht der Ursprung von allem ist. Gläubige geben dieser Quelle einen klangvolleren Namen: *Gott*.

Die Liebe kann immer nur zu einem Gegenüber entflammen; ein solches Gegenüber gibt es lediglich im Diesseits. Im distanzlosen Jenseits, das ohne ein Gegenüber ist, kann Liebe nicht entstehen. Lässt sich aber daraus folgern, dass das Jenseits lieblos ist? Nein, dieser Schluss wäre zu vorschnell. Wenn im Jenseits keine Liebe entstehen kann, so bedeutet das noch lange nicht, dass überhaupt keine Liebe mehr zugegen ist. Ein Beispiel verdeutlicht das: Eine Person, die ich im Leben sehr lieb gewonnen habe, ist gestorben. Der leblose Körper dieser Person kann keine Liebe mehr fühlen. Dennoch sind unsere Seelen über die geteilte Liebe miteinander verbunden. Diese Liebe ist weder von einem materiellen Körper noch von Raum oder Zeit abhängig. Eben weil sie bedingungslos ist, überwindet die Liebe jede Distanz. *Eine räumliche Distanz ist zwar erforderlich, um die Liebe zu entflammen, aber nicht nötig, um entflammte Liebe in der Ewigkeit zu halten. Alle im Diesseits gefühlte Liebe geht in die Ewigkeit ein – die Liebe ist stärker als der Tod.*

An dieser Stelle möchte ich endlich auflösen, weshalb ich in den Antworten Nr. 4 und Nr. 7 geschrieben habe, dass ich mich nicht egoistisch in Bezug auf mein Gegenüber und auf meine Umwelt verhalte. Es hängt eng damit zusammen, dass Raum und Zeit nur relativ sind. Wenn Raum und Zeit absolut wären, dann könnte ein Verbrecher jede egoistische Handlung damit rechtfertigen. Genau das wird ihm jedoch nie gelingen, weil sein Raum und seine Zeit bloß relativ sind – wie Raum und Zeit jeder anderen Person auch.

Raum und Zeit sind deswegen relativ, weil etwas anderes absolut ist – das Licht. Wenn es überhaupt absolute Werte in dieser Welt gibt, so haben sie ihre Quelle im Licht. Erst das Licht ermöglicht Raum, Zeit und Materie sowie alles andere, was damit verknüpft ist, wie die Gefühle von Liebe und Hass. Sehr richtig, auch Hass existiert in Raum und Zeit. Vielleicht mit gutem Grund, denn erst wenn die Liebe fehlt, erkenne ich ihren wahren Wert. Absolut ist jedoch nicht Hass, sondern die Liebe. Warum das so ist, habe ich in Antwort Nr. 21 erläutert: Die Liebe stellt alle gleich, Hass lässt Ungleichheit zu. Im absoluten Licht kann nur die Liebe regieren, nicht Hass. Wer sich die Logik des Lichts zu eigen macht, kennt den wahren Wert der Liebe und wird sie niemals mit Hass auf die gleiche Wertstufe stellen – auch nicht im Diesseits! Ein Beispiel: Welchen der folgenden sechs Aussagen stimmst du zu?

A) Wenn ich gehasst werde, sehne ich mich nach Liebe.
B) Wenn ich geliebt werde, sehne ich mich nach Hass.
C) Wenn ich krank bin, sehne ich mich nach Gesundheit.
D) Wenn ich gesund bin, sehne ich mich nach Krankheit.
E) Wenn mein Freund stirbt, sehne ich mich nach seinem Leben.
F) Wenn mein Freund lebt, sehne ich mich nach seinem Tod.

Obwohl wir uns wahrscheinlich noch nie begegnet sind, gehe ich fest davon aus, dass du nur den Aussagen A, C und E zustimmen kannst, weil sie einem gesunden Menschenverstand entsprechen. Wie wertvoll die Liebe, die Gesundheit und das Leben sind, lässt sich erst über deren Gegensätze erkennen.

Frage 23: Warum bin ich hier?

Nachdem wir uns soeben mit dem Fühlen befasst haben, wenden wir uns nun der zweiten elementaren Erfahrung zu – dem Lernen. Das ganze Lernen orientiert sich an einem unmittelbaren Zweck, nämlich dem Erwerb von *Wissen*. Das Wissen kann immer nur in einem Nacheinander erworben werden; ein solches Nacheinander gibt es lediglich im Diesseits. Im distanzlosen Jenseits, das ohne ein Nacheinander ist, kann Wissen nicht entstehen. Wieder wäre die Schlussfolgerung zu vorschnell, dass im Jenseits kein Wissen mehr zugegen sei. *Eine zeitliche Distanz ist zwar erforderlich, um das Wissen zu erwerben, aber nicht nötig, um erworbenes Wissen in der Ewigkeit zu halten. Alles im Diesseits gelernte Wissen geht in die Ewigkeit ein – das Wissen ist mächtiger als der Tod.*

Absolut ist nicht Unwissenheit, sondern das Wissen. Weshalb das so ist, habe ich in Antwort Nr. 22 erläutert: Das Wissen stellt alle gleich, Unwissenheit lässt Ungleichheit zu. Erinnerst du dich, wie viele neue Zellen pro Minute in dir entstehen? Die Lösung kannst du in Antwort Nr. 7 nachlesen. Da die Lösung für alle Leserinnen und Leser gleich lautet, ist sie bedingungslos wahr – also absolut. Viele Neurologen meinen, dass Wissen nur mit einem materiellen Gehirn möglich sei. Das ist nicht korrekt. Für das Lernen ist zwar ein materieller Körper nötig, aber das gelernte Wissen kann auch unabhängig von Materie existieren, zum Beispiel als Information in elektromagnetischen Wellen. Sobald solche Wellen von einem materiellen Körper abgestrahlt wurden, brauchen sie die Antenne nicht mehr. Die Lebensrückschau ist ein starkes Indiz dafür, dass auch das Wissen ewig ist – wie die Liebe. Selbst wenn wir etwas vergessen, bleibt es im Unterbewusstsein erhalten. Im Gegensatz zum Gehirn verfügt das Unterbewusstsein über eine unbegrenzte Kapazität. Es speichert alles jemals Gefühlte und Gelernte. Beim Sterben wird es uns nochmals bewusst; spätestens dann erkennen wir, was davon absolut ist und ins Licht eintauchen darf.

Nur im Leben oder im Sterben kann Liebe gefühlt und Wissen gelernt werden, da Fühlen und Lernen nach Antwort Nr. 10 einen materiellen Körper voraussetzen. Die masselose Seele allein kann weder etwas fühlen noch etwas lernen. Deswegen enthalten viele Nahtoderfahrungen die Botschaft, dass wir im Leben nach Liebe und Wissen streben sollen: Diese beiden Werte bilden zusammen die Ewigkeit. Hierbei kommt es jedoch weniger auf die Quantität an als auf die Qualität. Im Mittelpunkt steht nicht das Lernen von Lexikonwissen, sondern das Verständnis, wie wertvoll die Liebe und das Wissen sind – *Liebe im Sinn von Verbundenheit, Wissen im Sinn von Weisheit*. Solche Erfahrungen dürfen auch Personen mit einer Behinderung machen. Sogar ein Baby, das nur kurz am Leben ist, erfährt bereits im Mutterleib die Liebe seiner Mutter.

Dass alle Liebe und alles Wissen in die Ewigkeit eingehen, deckt sich gut mit meiner Vorstellung vom Jenseits als der Summe von aller Liebe und allem Wissen. Aber wofür gibt es dann eigentlich das Diesseits? Diese Frage ist typisch für unsere diesseitige Sicht. Meines Erachtens ist sie mit einem ganzheitlichen Ansatz einfach zu beantworten: *Das Diesseits muss existieren, weil sonst niemals irgendetwas geschehen wäre.* Nach Antwort Nr. 16 stirbt das Ich mit seinem Körper. Folglich muss sein Sinn wohl darin bestehen, im Diesseits etwas für das Jenseits zu schaffen; nach allem bisher Gesagten sind dieses Etwas die vom Ich geschaffene Liebe und das vom Ich geschaffene Wissen. Erst indem wir im Diesseits fühlen und lernen, schaffen wir jene Liebe und jenes Wissen, aus denen das Jenseits besteht. Ohne unser Schaffen wäre das Jenseits leer. So gesehen bietet das Diesseits eine Chance; eine Chance, die wir nutzen sollten, auch wenn es manchmal schwerfällt. Es ist *unsere* Chance! Wir sind enorm wichtig: Das Licht leuchtet nur, wenn es auf Materie trifft. Allerdings wirft Materie auch einen Schatten – das Licht selbst wirft keinen Schatten.[60]

135

Meine Gedanken sind nicht zwingend. Wenn es gar kein Jenseits gibt, dann erübrigt sich wohl auch die Frage nach einem Sinn des Diesseits. Kann überhaupt ein Jenseits existieren, das sowohl den Vorstellungen eines Ungläubigen entspricht als auch denen eines Gläubigen? Halte dich gut fest – schon wieder folgt eine äußerst wichtige Aussage des Buches: *Ich halte ein Jenseits für möglich, das uns allen gerecht werden kann.* Es handelt sich um das schon in Antwort Nr. 19 diskutierte Jenseits, das zugleich Ewigkeit und Nirwana ist. Allerdings wissen wir nun, dass dieses Jenseits noch weit mehr ist: Wenn alle Seelen entsprechend meiner Hypothese auf Lichtgeschwindigkeit beschleunigt werden, so ist das Jenseits die Summe von allen Seelen oder – gemäß meiner Definition von Seele – die Summe von aller Liebe und allem Wissen; damit wird es den meisten Gläubigen gerecht. Dasselbe Jenseits wird jedoch auch den meisten Ungläubigen gerecht, weil es als Nirwana kein Ich beinhaltet. Dass sich die unterschiedlichen Vorstellungen von Gläubigen und Ungläubigen nicht mehr gegenseitig ausschließen, resultiert daraus, dass ich die Seele *nicht* mit dem Ich gleichsetze, sondern mit seiner Liebe und seinem Wissen. Das Ich stirbt – die Seele darf in die Ewigkeit eingehen. Der entscheidende Punkt ist: Wenn wir im Diesseits weder fühlen noch lernen könnten, würde im Jenseits tatsächlich bloß das Nichts sein. Aber weil wir sogar das Absolute fühlen und lernen dürfen – Liebe und Wissen – und weil das Absolute an keine Bedingung geknüpft ist, endet es auch nicht mit dem Tod. Somit habe ich es selbst in der Hand, meiner Seele einen ewigen Platz im Jenseits zu sichern: *Mit jeder Liebe, die ich fühle, und mit jedem Wissen, das ich lerne, bereichere ich das Jenseits.* Das Jenseits ist kein chaotisches Sammelsurium von 3 141 592 653 589 793 238 462 643 383 279 502 884 Individuen, sondern die Summe von aller Liebe und allem Wissen. Die Liebe und das Wissen gehen in die Ewigkeit ein: ins Licht oder zu Gott. Gott ist die Liebe und das Wissen.

Lucy fragt:
Warum lässt Gott es zu?

Lucy antwortet:
Weil es Regel oder Zufall ist.

Frage 24: Warum lässt Gott es zu?

Viele Menschen finden keinen Zugang zu Gott oder wenden sich von ihm ab, weil sie die Frage stellen:»Warum lässt Gott es zu?« Beispielsweise verstehen sie nicht, wie Gott das Unheil in dieser Welt zulassen kann. Die Frage»Warum lässt Gott es zu?« bildet die hohe Latte, an der sich jede Religion messen lässt. Allerdings können wir diese Frage nur an einen persönlichen Gott richten – einen Gott, der sich für alles verantwortlich machen lässt. Damit machen wir es uns aber viel zu einfach; und genau hierin besteht das größte Problem aller Religionen mit einem persönlichen Gott, insbesondere auch des Christentums. Mit so einer Frage schieben wir nämlich die Verantwortung sehr weit von uns weg. Wenn alle Seelen eins werden mit dem Licht – eins in Gott –, so sind unsere Seelen für alles genauso verantwortlich wie der Gott, an den wir diese Frage stellen. Es wäre also nicht fair, Gott deshalb *in* Frage zu stellen. Wir täten viel besser daran zu fragen:»Warum lassen wir es zu?« Solange wir nicht auf diese Frage antworten können, ist Gottes Schöpfung noch nicht am Ziel.

Natürlich haben wir es nicht in der Hand, auf all das einzuwirken, was um uns herum geschieht. Viele Krankheiten brechen einfach über uns herein, ohne dass wir sie zulassen. Es ist aber nicht fair, Gott die alleinige Verantwortung dafür zu geben. Bevor wir Gott wegen des Unheils einen Vorwurf machen, sollten wir überlegen, ob wir eine bessere Welt erschaffen könnten. Falls wir nicht alles verstehen, folgt daraus noch lange nicht, dass Gott nicht existiert. Auf diesen wunden Punkt müssen wir unsere Finger legen. Trotz meiner kleinen Zurechtweisung (dass es nicht fair ist, diese Frage an Gott allein zu stellen, wenn unsere Seelen eins werden in ihm) will ich es nun wagen, eine plausible Antwort zu formulieren. Sie kann sogar die Gläubigen mit den Ungläubigen versöhnen.

Gott lässt etwas zu, weil es Regel oder Zufall ist.

Die Schöpfung ist ein weises, zielgerichtetes Spiel Gottes – nicht zum Zeitvertreib. Gute Spiele haben Regeln und Zufallselemente; denn das Spielen ohne Zufälle ist langweilig, und ohne Regeln ist es Chaos pur. Wenn es aber auch Zufälle gibt, ist nicht mehr alles vorherbestimmt. Vieles, was wir heute noch nicht verstehen, mag vielleicht einfach nur ein Zufallsprodukt sein, beispielsweise das Ausbrechen einer Krankheit. Alles, was verstanden werden kann, beruht auf Regeln oder Naturgesetzen. Ich gehe sogar noch einen Schritt weiter: So wie es kein Buch ohne Autor gibt, gibt es auch kein Spiel ohne Urheber. Folglich muss das wunderbare Spiel der Schöpfung einen Urheber haben. Dieser hat das Spiel womöglich so entworfen, dass es Regel und Zufall enthält. Damit lässt er nur indirekt das Unheil zu, nämlich als ein Zufallsprodukt. Allerdings übersehen wir leicht, dass er erst damit auch das Heil ermöglicht; denn ohne Regel und ohne Zufall gäbe es das Spiel gar nicht, und nichts könnte geschehen. Es steht dir weiterhin völlig frei, wie du den Urheber nennen möchtest: Licht oder Gott.

Selbstverständlich ist meine Vorstellung, dass die Schöpfung ein Spiel sei, nur eine von vielen Möglichkeiten. Ich halte deshalb an ihr fest, weil mir kein anderes Weltbild bekannt ist, das die Frage »Warum lässt Gott es zu?« einfacher beantworten könnte. Sobald ich die Schöpfung als ein Spiel betrachte, ergibt vieles in meinem Leben plötzlich einen Sinn. Unterstützung bekomme ich von dem brillanten Physiker Brian Greene: »Laut der Quantenmechanik ist das Universum nicht in die Gegenwart eingeätzt, sondern nimmt an einem Glücksspiel teil.«[61] Meines Erachtens ist die Schöpfung aber nicht nur ein Glückspiel mit Zufällen, sondern eben auch ein Strategiespiel mit Regeln. Zufälle bescheren uns Glück und Pech im Leben – Regeln lassen uns fühlen und lernen. Die Schöpfung ist ein Spiel um Liebe und Wissen, versüßt mit so schöngeistigen Bonbons wie der Musik, der Kunst und der Literatur.

Gewiss wird es Vorbehalte geben im Sinne von Einsteins Spruch »Gott würfelt nicht«.[62] Doch weshalb sollte Gott eigentlich nicht würfeln? Gott könnte sowohl Regeln aufstellen als auch würfeln. Viele Vorbehalte beruhen darauf, dass Zufall als etwas Negatives angesehen wird. Glücksspiele, die sich um Geld drehen, sind zu Recht verpönt. Zufall kann aber auch etwas Positives bewirken. Ohne den Zufall, dass sich deine Eltern irgendwo kennengelernt und gepaart haben, wärst du beispielsweise nie geboren worden! In vielen bekannten Spielen – etwa »Mensch ärgere dich nicht« – bewegen wir Spielfiguren, die von uns verschieden sind. Im Spiel der Schöpfung sind wir selbst die Spielfiguren. Niemand braucht zu fragen, ob wir mitspielen wollen oder nicht: Indem wir leben, spielen wir bereits mit. Nichts ist befremdlich an dem Gedanken, dass wir die Spielfiguren in dem Spiel sind, weil es ohne uns gar keine Handlung hätte. Der Reiz eines Spiels besteht doch gerade darin, dass viele verschiedene Ichs mitspielen und jedes Ich ganz individuell entscheiden und handeln darf. Ein Schiedsrichter wird nur dann benötigt, wenn es im Spiel Gewinner und Verlierer gibt. Die Schöpfung ist ein Spiel ohne Verlierer und ist folglich anders als die meisten bekannten Spiele. Es endet eben nicht damit, dass ein Ich oben auf dem Siegerpodest steht und sich ein anderes Ich ärgert. Im Spiel der Schöpfung geht keine einzige Seele verloren. Jede Seele kann nur gewinnen – an Liebe und an Wissen.

Sollte eines Tages ein großer Komet mit der Erde kollidieren und das gesamte Leben auf unserem Planeten auslöschen, so stellt das keinesfalls Gott in Frage, sondern würde nur die Möglichkeit von Zufällen demonstrieren. Schon die Tatsache, dass dieses Szenario naturwissenschaftlich gar nicht so abwegig ist, lässt sich auch als ein Hinweis darauf interpretieren, dass es sich bei der Schöpfung um ein Spiel handelt. Dieses Spiel findet jedoch nur im Diesseits statt, weil für die Spielfiguren eine räumliche Distanz und für den

Spielablauf eine zeitliche Distanz erforderlich ist. Die Spielregeln bekommen wir am eigenen Körper zu spüren, da er den Gesetzen der Natur unterliegt. Den Zufall bemerken wir immer dann, wenn uns ein Schicksal ereilt.

Stichwort Schicksal: Oft werde ich nach dem Verbleib der Seele von Adolf Hitler gefragt, der das Schicksal von vielen Millionen Menschen zu verantworten hat. Darf die Seele eines Verbrechers auch eins werden mit dem Licht? Wenn alle Seelen eins werden, wird meine Seele dann auch eins mit der Seele von Adolf Hitler? Das ist eine der schwierigsten Fragen überhaupt. Trotzdem werde ich hier und jetzt eine Antwort vorstellen, die ohne Widersprüche zu meinen anderen Antworten passt: Ein Jenseits, das sich durch räumliche und zeitliche Distanzlosigkeit auszeichnet, besitzt kein Separee für die Hölle, auch wenn wir Hitler natürlich gerne in der Hölle sehen würden. Ausnahmen gibt es bloß im Diesseits, wobei unsere politischen Gesetze wesentlich gerechter wären, wenn sie konsequent auf Ausnahmen verzichten würden! Das Jenseits lässt überhaupt keine Ausnahmen zu – entweder gilt es für alle Seelen oder für keine Seele. Falls alle Seelen eins werden mit dem Licht, dann muss wohl oder übel die Seele von Hitler dabei sein; jedoch nur, wenn er irgendwann – vielleicht als Baby – Liebe fühlen und Wissen lernen durfte. Bitte bedenke: *Das Jenseits könnte niemals vollkommen sein, wenn bloß eine Seele unterwegs verlorenginge.* Es besteht aber kein Grund zur Panik, weil keiner von uns Hitler im Jenseits begegnen wird. Hierfür fallen mir sogar gleich zwei gute Gründe ein: Erstens ist nach Antwort Nr. 22 ohne zeitliche Distanz kein Begegnen möglich. Zweitens gibt es nach Antwort Nr. 19 im Jenseits kein Ich, somit weder einen Herrn Hitler noch dich, noch mich. Das Jenseits ist eben auch bei der Individualität ausnahmslos konsequent. Es fällt uns schwer, das zu akzeptieren, aber die Ichlosigkeit gilt natürlich in Bezug auf *alle* Ichs.

141

Eine Empfehlung für Trauernde: Wir dürfen nicht zu stark an der Vergangenheit festhalten, sonst könnten wir leicht vergessen, die Gegenwart zu leben. Trauer hilft sehr, den unfassbaren Tod eines Freundes zu verarbeiten, aber jede Hoffnung auf ein Wiedersehen ist unbegründet: Weil das Jenseits nach Antwort Nr. 22 nicht auf das Diesseits folgt, ist es kein Leben nach dem Tod. Die wirklich gute Nachricht lautet: *Alle schönen Momente, die wir mit unseren Freunden verbracht haben, sind in der Ewigkeit gespeichert.*

Gibt es neben dem Zufall auch so etwas wie Vorherbestimmung? Diese Frage ist wieder typisch für unsere diesseitige Perspektive. Im Diesseits ist prinzipiell beides möglich: Komplexe Vorgänge wie die Evolution laufen zufällig ab; einfache Vorgänge wie der Zusammenstoß von zwei Teilchen lassen sich vorherbestimmen. Doch das Jenseits hat schon wieder eine kleine Überraschung für uns parat: Ohne zeitliche Distanz gibt es weder ein Zufallen noch ein Vorher, also weder Zufall noch Vorherbestimmung. Auf was sollten sich Zufall oder Vorherbestimmung auch beziehen, wenn im Jenseits nichts mehr entstehen kann? Ich gebe gerne zu, dass ich selbst oft ins Fettnäpfchen getappt bin, als ich mich erstmals mit dieser Art von Logik befasst habe. Fakt ist jedoch, dass sich im vollkommenen Jenseits nichts mehr verändern kann – weder zufällig noch vorherbestimmt –, sonst wäre es nicht vollkommen. Aus diesseitiger Sicht ist die Schöpfung ein Spiel – geregelt und zufällig! In Raum und Zeit ist die Zukunft noch unbestimmt. Die Schöpfung vollzieht sich erst. Daher müssen wir uns wohl zu der Einsicht bequemen, dass der Zufall im Leben einfach dazugehört. Ohne Zufall wäre der Reiz des Lebens weg; oder fändest du dein Leben noch reizvoll, wenn du heute bereits wüsstest, wie es sich zukünftig entwickeln wird? Gott hat wohl kaum vorherbestimmt, welches Kind am plötzlichen Kindstod sterben muss und welches nicht. Gott hat wohl auch nicht geplant, welches Unglück wo und wann geschieht. Zufall ist nicht manipulierbar. Würde Gott stets eingreifen, wenn es sehr brenzlig wird, dann wäre es kein Zufall mehr – auch kein Spiel. Würde Gott stets alles lenken, dann hätte er die Schöpfung gar nicht erst zu starten brauchen. *Der Zufall ist manchmal grausam, das Leben lebensgefährlich.* Hitler war auch nur eine Spielfigur im Spiel der Schöpfung – besonders grausam, aber eben bloß ein Zufallsprodukt und nicht vorherbestimmt von Gott. Der provozierende, zu wenig versöhnliche Atheist Richard Dawkins unterliegt einem Irrtum, wenn er glaubt, dass Gott nicht allmächtig und allwissend zugleich sein kann.[63] Gottes Allmacht besteht darin, dass er allein entscheiden kann, welche Regeln und Zufälle in seinem Spiel gelten. Sein Allwissen beruht darauf, dass im Jenseits alle Zufälle bereits entschieden sind. Nur im Diesseits existiert der Zufall als ein Element der Unwissenheit.

Merkst du, wie einfach viele Warum-Fragen beantwortet werden können, wenn wir die Schöpfung als ein Spiel Gottes betrachten? Wer jetzt die Frage nach der Gerechtigkeit stellt, pokert hoch. Er müsste zuerst klarstellen, was er unter Gerechtigkeit versteht. Die absolute Gerechtigkeit für alle Ichs kann es nie geben, weil jedes Ich auch eine relative Komponente – seinen Körper – hat. Was in meinen Augen gerecht ist, muss für dich noch lange nicht gerecht sein. Die vielen juristischen Streitfälle, die wir heute im Diesseits haben, legen davon leider ein sehr beschämendes Zeugnis ab. Die absolute Gerechtigkeit sieht ganz anders aus: Sie gibt nicht einem einzelnen Ich recht, sondern urteilt über das Ganze. Sie verzichtet auf alles Relative wie Gier, Hass, Unwissenheit – lässt jedoch das Absolute zu wie die Vollkommenheit, die Liebe und das Wissen. Fällt dir etwas auf? Wo sind diese Begriffe daheim? *Die absolute Gerechtigkeit gibt es nur im Nirwana.* Darum lässt sich auch kein heiliger Krieg für das Absolute rechtfertigen, da er stets zwischen verschiedenen Ichs stattfindet – also auf relativer Ebene.

Jetzt kommen wir zu dem wohl heikelsten Punkt überhaupt: Darf jemand aus allem bisher Gesagten ableiten, dass er tun und lassen kann, was er will? Ist es ein Freibrief für alle auch nur irgendwie erdenklichen Handlungen? Meine Antwort ist deutlich: **nein!** Ich sterbe zwar mit meinem Körper und kann nicht zur Rechenschaft gezogen werden, wenn ich tot bin. Aber ich könnte noch bestraft werden, während ich sterbe. Wohlgemerkt, ich *könnte*! Erst jetzt kommt der Hammer: Im Sterben könnte ich bestraft werden, aber viele Nahtodforscher sind sich darin einig, dass kein anderer über mich richten wird.[64] Stattdessen erhalte ich die wohl lehrreichste Lektion, die denkbar ist: Ich muss mein Leben in der Rückschau *selbst* beurteilen, indem ich aus anderen Perspektiven fühle, was ich getan habe, und aus meinen Fehlern lerne. Es bedarf wirklich bloß etwas Feingefühl, um zu erkennen, wie viel Liebe in dieser Idee steckt! Wir alle sind mitverantwortlich für das Gelingen der Schöpfung. Also darf eben nicht jeder tun und lassen, was er will.

Viele Religionen drohen ihren Gläubigen mit einer Bestrafung in der Hölle, falls sie den Weg der guten Tugenden verlassen, wobei Gut und Schlecht wieder nur relative Begriffe sind. Die Hölle ist eine typisch menschliche Konstruktion, weil sie »Gerechtigkeit« automatisch mit Bestrafung verknüpft. Ein Theologe widerspricht sich selbst, wenn er sowohl die grenzenlose Liebe Gottes predigt als auch mit der Hölle droht: Die Hölle wäre nämlich von Gottes Liebe ausgeschlossen und somit ein Beweis dafür, dass die Liebe Gottes nicht grenzenlos ist. Falls die Hölle existiert, kann sie nur eine Durchgangsstation sein; was jedoch nicht heißen muss, dass sie harmlos ist. Ich bin davon überzeugt, dass es sich einfach um die Lebensrückschau handelt, die manche angenehm als eine Art Himmel empfinden, die aber andere äußerst schmerzhaft als eine Art Hölle erleben. Für Hitler muss es »Höllenqual pur« gewesen sein, als er sein Leben aus der Sicht von Millionen von Menschen beurteilen musste, für deren Tod er voll verantwortlich war. Die

Lebensrückschau erhebt jedoch nicht den strafenden, moralischen Zeigefinger, sondern stellt im Grunde klar, wie alles miteinander zusammenhängt. Weil es in der Allwissenheit keine Geheimnisse geben kann, ist im Jenseits alles bekannt, was jemals im Diesseits geschehen ist. Wer sich dagegen sträubt, sein Leben offenzulegen, könnte allerdings ein ernsthaftes Problem bekommen ...

Das Problem lässt sich sogar in konkreten Zahlen angeben: Circa zehn Prozent aller Nahtoderfahrungen sind negativ.[65] Betroffene berichten uns, sie seien regelrecht durch die Hölle gegangen. Die Ursachen dafür sind zwar noch nicht eindeutig geklärt, aber wohl darin zu suchen, dass jemand im Sterben nicht loslassen will vom Ich. Der Nahtodforscher Kenneth Ring macht die Furcht vor dem *Ego-Tod* für viele negative Nahtoderfahrungen verantwortlich.[66] Wer sich im Sterben um seine Hinterbliebenen sorgt, denkt nicht an sich – seine Seele taucht schnell ein ins Licht. Wer jedoch am eigenen Ich klammert, weil er sich partout nicht eingestehen will, dass er Fehler gemacht hat, oder weil er manche Geheimnisse für sich behalten will, dem steht höchstwahrscheinlich eine negative Sterbeerfahrung bevor. Deshalb ist es durchaus angemessen, sich frühzeitig mit dem Sterben auseinanderzusetzen. Wir alle müssen irgendwann sterben. *Zu wissen, dass es hierbei auf das Loslassen ankommt, kann eine große Hilfe sein.* Nahtoderfahrene berichten, dass uns das Loslassen durch ein helles Licht erleichtert wird, das eine grenzenlose Liebe ausstrahlen soll.[67] Wer sich diesem Licht nicht anvertrauen will, weil er vielleicht etwas verbergen möchte, bekommt im Sterben die letzte Chance, seine Seele mit Liebe und mit Wissen zu füllen. Das ist möglich, weil das Sterben noch zum Leben gehört – erst nach erfolgter Rückschau taucht die Seele ein ins Licht. Doch was passiert, wenn jemand seine Fehler nicht mal im Sterben eingestehen will? *Ich vermute, dass er diese Situation so lange als Hölle erlebt, bis seine Seele einen Ausweg findet.*

Wer partout nicht an die Sterblichkeit von Individualität glauben will, möge über folgenden Gedanken nachsinnen: *Angenommen, es gäbe im Jenseits viele verschiedene Ichs und alle wissen alles. Was würde dann das eine Ich eigentlich noch von einem anderen Ich unterscheiden? Nichts! Darum glaube ich, dass es im Jenseits nicht mehr viele Verschiedene gibt, sondern nur noch eins: Gott.* Unterschiedlichkeit gibt es nur im Diesseits als das Grundprinzip des Lebendigen. Die Erleuchtung besteht darin, dass der Seele im Licht alle Liebe und alles Wissen zuteil wird. Alles, was ich liebe und weiß, trägt zur Summe von aller Liebe und allem Wissen bei: zum Jenseits. Taten aus Hass oder aus Unwissenheit kann ich nie mehr ungeschehen machen, da sich Zeit nicht umkehren lässt. Ich darf aber sogar noch im Sterben aus meinen Fehlern lernen.

Das Licht ist die Quelle von allem – und alles kehrt in den Hafen des Lichts zurück. So ist übrigens auch der biblische Spruch »von Ewigkeit zu Ewigkeit«[68] zu verstehen. Es bietet sich an, nun über Wiedergeburt zu sprechen. Ich fasse mich kurz, weil sie für mich noch etwas spekulativer ist als alles bisher Gesagte. Ich schließe nicht aus, dass eine Art Wiedergeburt existiert, glaube aber nicht an die Wiedergeburt desselben Individuums, da die Individualität für mich mit dem Tod endet. Ich kann mir jedoch vorstellen, dass einige Personen eine Art Vision vom Allwissen im Jenseits haben und das Gesehene dann für ein eigenes – früheres – Leben halten. Der indische Philosoph Shankara soll gesagt haben: »In Wahrheit wandert kein anderer als Gott im Kreislauf der Geburten.«[69] Gott ist stets in dir, während du sein Spiel der Schöpfung spielst, lässt dich aber deine Spielzüge selbst entscheiden. Leben wir vielleicht auch, um Fehler zu machen und daraus zu lernen? Ich hoffe, dass du die folgende Annahme nun etwas nachvollziehen kannst.

Das Diesseits ist ein Spiel in Raum und Zeit mit vielen Ichs.

Lucy fragt:
Warum lasse ich Gott zu?

Lucy antwortet:
Weil etwas auch mich zulässt.

Selbst wenn die Menschheit tausend unterschiedliche Religionen hätte, könnte die Frage, ob Gott existiert oder nicht, nicht tausend mögliche Antworten haben. Auch nicht hundert oder elf, sondern nur zwei: ja oder nein. Es kann nicht sein, dass Gott existiert und zugleich nicht existiert. Mit einem 50:50-Joker wüssten wir sofort die hundertprozentige Wahrheit, weil wir die falsche Antwort mit ihm eliminieren könnten. Wir sind also nicht 999 Schritte von der Wahrheit entfernt, sondern bloß einen. Warum lasse ich Gott zu? *Weil etwas auch mich zulässt.* Das »Etwas« nenne ich Gott. Mein Ansatz unterscheidet sich von vielen anderen Werken über Gott, weil ich mich ihm gleich auf drei verschiedenen Wegen nähere.

Weg A: Religion.
Weg B: Sterbeforschung.
Weg C: Naturwissenschaft.

Falls du nicht religiös bist, bleiben dir noch zwei andere Wege zu Gott. Weil das Wort »Gott« dann für dich nicht besetzt ist, kannst du es – wie in Antwort Nr. 13 empfohlen – einfach durch »Licht« ersetzen, ohne dir dabei untreu zu werden. Wenn du fähig bist, an etwas zu glauben, rate ich dir zu den intuitiven Wegen A oder B. Wenn du nur rationalen Argumenten zugänglich bist, biete ich dir den logischen Weg C an. Solltest du alle drei Wege ausschlagen, so warst du vielleicht nicht wirklich bereit, bei null zu beginnen – es gibt nämlich nur das intuitive und das logische Denken. Damit sind wir wieder bei Antwort Nr. 1, woraus auch ersichtlich wird, warum ich meine 25 Fragen so und nicht anders formuliert habe. Ich erinnere dich nochmals daran, dass am Anfang die neutralste Definition von Gott stand: Gott ist alles, was absolut ist. Es spielt tatsächlich keine Rolle, für welchen der aufgezählten Wege A bis C du dich entscheidest. Wie ich gleich erläutern werde, führen sie dich alle zum Absoluten hin, wenn du sie konsequent gehst.

Zum Weg A: Welche Eigenschaft macht Gott eigentlich zu Gott? Was ist das Göttliche an Gott? Gott lässt zu, dass alle Seelen eins werden dürfen in ihm, und schafft so das Größte: *Gott stellt sich gleich mit allen.* Gott ist genau deshalb vollkommen, weil er alle Seelen aufnimmt, unabhängig von ihrer religiösen Überzeugung! Im Licht gibt es keinerlei Unterschiede mehr, folglich auch keine Hierarchie. Auf der Erde hat kein einziges politisches System so etwas dauerhaft ermöglicht – auch nicht der reale Kommunismus. Doch Vorsicht: Gerade weil sich Gott gleichstellt mit allen, ist es extrem anmaßend zu glauben, nur eine Religion sei wahr. Indem die Religionen aufeinander zugehen, können sie gegenseitig ihre Schwachstellen finden und sie beheben. Gefahr droht stets dann, wenn eine Religion beansprucht, allein die Wahrheit gefunden zu haben. Alle Seelen werden eins in Gott – kann es denn überhaupt ein »göttlicheres« Ideal geben? Im Einssein muss Gott allliebend und allwissend sein. Diese Kerngedanken von Liebe und Wissen sind insbesondere in einer Kombination aus Christentum und aus Buddhismus verwirklicht, jedoch nicht allein dort. Die christliche Idee der Nächstenliebe lässt sich auch in der goldenen Regel und im kategorischen Imperativ wiederfinden. Sie ist ein wesentliches Grundprinzip menschlicher Moral und offenbart im Grunde unser inneres Streben nach dem Absoluten, denn in letzter Konsequenz führt die Nächstenliebe zum Einssein der Seelen in Gott. Christus macht es uns vor, als er im Moment seines Todes ausruft: »Vater, in deine Hände lege ich meinen Geist.«[70] Nochmals stelle ich die Frage: Warum lasse ich Gott zu? Weil Gott zulässt, dass auch ich leben darf. Das ist überhaupt nicht selbstverständlich. Aber es ist sicher Grund genug, Gott auch in meinem Leben zuzulassen. Seit ich diese Gegenseitigkeit verstanden habe, erwache ich an jedem Morgen mit Freude, weil ich Gott für den neuen Tag danken darf, an dem er mich aufwachen lässt. Nur das Absolute stellt an mich keine Bedingungen – es lässt einfach zu, dass ich bin.

Frage 25: Warum lasse ich Gott zu?

Zum Weg B: Eine wichtige Säule der modernen Sterbeforschung sind die vielen Nahtoderfahrungen, die uns heute in Berichtform vorliegen. Ich kann mir beim besten Willen nicht vorstellen, dass sich Millionen von Menschen ihr Erlebnis bloß ausgedacht haben sollen oder dass sie die Liebe und das Wissen nur zufällig als das Wichtigste im Leben bezeichnen. Zusätzlich zu Inges Bericht auf Seite 116 könnte ich dir noch tausend weitere Nahtoderfahrungen schildern. Aber ließe sich hiermit ihre Wahrheit beweisen? Nein! Nicht einmal eine Million Berichte wären ein wissenschaftlicher Beweis. Irgendwann dürfen wir jedoch an ihre Wahrheit glauben. Wie viele Nahtodberichte müsstest du lesen, um sie zu glauben? Einen, zehn, hundert, tausend, eine Million? Reicht es aus, wenn dir deine beste Freundin oder dein Lebenspartner davon erzählt? Oder musst du selbst in Todesnähe geraten, um zu glauben, was diese Menschen schon wissen? Eines ist sicher: Wir alle werden sterben und es spätestens dann erfahren. Es ist bedauerlich, dass viele Ärzte solche Patienten heute alleine lassen, indem sie deren Erlebnis als ein Hirngespinst deuten. Bereits im Medizinstudium sollte das Phänomen »Nahtoderfahrung« objektiv dargestellt und psychologisch vertieft werden. Weshalb glaubt die Schulmedizin nur an das, was bewiesen ist? Wer sich auf die Nahtoderfahrenen einlässt, benötigt bloß einen einzigen Bericht – und schon darf er ihre Gewissheit übernehmen! Keine andere Person strahlt meines Erachtens so viel Gewissheit aus wie ein Nahtoderfahrener. Viele von ihnen erzählen, dass sie durch einen dunklen Tunnel und mit hoher Geschwindigkeit zu einem hellen Licht hingeflogen seien, das alle Liebe und alles Wissen ausstrahlen soll. Dass nicht jeder vom Tunnel und vom Licht berichtet, kann verschiedene Gründe haben: eine Narkose, eine schnelle Reanimation, ein sehr leichtes oder sehr schweres Loslassen vom Ich. Tatsache ist: Allliebe und Allwissen sind das absolute Maximum an Liebe und Wissen, was möglich ist. Darum führt auch dieser Weg direkt ins Absolute.

150

Zum Weg C: Die Naturwissenschaft hat gegenüber der Religion und der Sterbeforschung den großen Vorteil, dass ihre Aussagen logisch begründbar sind. Sie ist deswegen aber nicht näher an der Wahrheit als die beiden anderen Wege, sondern manchmal sogar etwas zu kopflastig – insbesondere dann, wenn sie von unwahren Voraussetzungen ausgeht. Seit Einstein wissen wir nämlich, dass unsere Vorstellungen von Raum und von Zeit zwar für den Alltag geeignet sind, aber nur für niedrige Geschwindigkeiten gelten. In Wirklichkeit existiert weder »der Raum« noch »die Zeit«, sondern nur räumliche oder zeitliche Distanz; und diese ist zudem relativ! Die Naturwissenschaften befassen sich auch mit einem »Objekt«, das eigentlich gar nicht so recht in unsere diesseitige Welt passen will. Es hat keine Masse, lässt sich weder anhalten noch anfassen, und es handelt sich weder um ein Teilchen noch um eine Welle;[71] wir bezeichnen es schlicht und einfach als »Licht«. Mit moderner Physik lässt sich heute zeigen, dass genau dieses Licht distanzlos ist, also weder eine räumliche Distanz noch eine zeitliche Distanz kennt. In räumlicher Distanzlosigkeit wird jedes Gegenüber zum Selbst. In zeitlicher Distanzlosigkeit wird jedes Nacheinander aus Vergangenheit über Gegenwart bis Zukunft zum Augenblick. Für mich gehört das Licht eigentlich nicht zum Diesseits. Das Schöne am Licht ist, dass wir es spüren können – als Helligkeit oder auch als Wärme. Folglich ist das Licht real und deshalb der womöglich deutlichste Hinweis darauf, dass es so etwas wie ein Jenseits gibt. Denn neben den vielen Eigenschaften, die das Licht – wie soeben erwähnt – offenbar nicht hat, zeichnet sich das Licht durch etwas äußerst Merkwürdiges aus: *Es ist uns immer einen Schritt voraus.* Kein einziges Stück Materie kann jemals seine Geschwindigkeit erreichen. Demnach bildet die Lichtgeschwindigkeit das absolute Maximum, was den Transport von etwas betrifft, beispielsweise von Masse, von Energie oder von Information. Was fällt dir auf? Sogar der dritte Weg führt schnurstracks ins Absolute.

Albert Einstein hatte das Spannungsverhältnis zwischen Religion und Naturwissenschaft auf einen Punkt gebracht, als er feinfühlig behauptete:»Wissenschaft ohne Religion ist lahm, Religion ohne Wissenschaft ist blind.«[72] Ich bin davon überzeugt, dass Religion und Naturwissenschaft viel voneinander lernen können und dass die Sterbeforschung als eine Vermittlerin zwischen diesen beiden Disziplinen antreten kann; denn Nahtoderfahrene berichten, dass die Liebe *und* das Wissen wichtig sind – viele Religionen stellen nur die Liebe in den Mittelpunkt, viele Naturwissenschaften bloß das Wissen. Die meisten brillanten Physiker wie Albert Einstein, Max Planck oder Werner Heisenberg gelangten im Verlauf ihrer Forschungen zu der Überzeugung, dass zu dieser Welt noch eine ihr übergeordnete Vernunft existieren muss. Diese Vernunft mag uns in einem räumlich und zeitlich strukturierten Diesseits als ein persönlicher Gott in Erscheinung treten; im distanzlosen Jenseits ist sie für mich die Allliebe und das Allwissen, also eher eine Art kosmischer Gott. Allein die Tatsache, dass es so etwas wie Liebe und Wissen gibt, ist ein gewaltiges Pfund gegen die Meinung von Richard Dawkins und anderen Naturwissenschaftlern, die unsere Welt komplett ohne Gott erklären wollen. *Naturgesetz und Zufall machen Gott nicht überflüssig – Gott ermöglicht sie erst.* Auf der Grundlage seiner Naturgesetze organisiert sich Leben von selbst, wenn die Bedingungen stimmen. Dass diese Bedingungen auf der Erde erfüllt sind, ist Zufall. Dass sich wegen dieser Bedingungen Leben auf der Erde entwickelt hat, ist Naturgesetz. Gottes Größe zeigt sich in der Ausgewogenheit von Regel und Zufall, die sogar so komplexe Wesen wie Tiere und Menschen hervorgebracht hat. Dass es überhaupt Naturkonstanten wie die Lichtgeschwindigkeit gibt, ist keineswegs selbstverständlich. Wer sagt denn dem Licht, dass es sich stets gleich schnell auszubreiten hat? Etwas muss die Werte aller Naturkonstanten garantieren – schon wieder habe ich einen guten Grund, Gott in meinem Leben zuzulassen.

Räumliche und zeitliche Distanzen sind kostbare Geschenke von Gott – vom Licht – an uns, für die wir dankbarer sein sollten. Ich bin fest davon überzeugt, dass wir sie geschenkt bekamen, um in der Lage zu sein, die Liebe zu fühlen und das Wissen zu lernen.[73] Das Fühlen von Liebe setzt ein Gegenüber – räumliche Distanz – voraus; das Lernen von Wissen setzt ein Nacheinander – zeitliche Distanz – voraus. Leider haben wir vor diesen Geschenken oft zu wenig Ehrfurcht. Anstatt sie zu schätzen, beschneiden wir häufig den Frei*raum* von anderen oder vertrödeln unsere Frei*zeit*. Nutze Raum und Zeit, um den anderen mit Liebe zu begegnen, um aus deinen Fehlern zu lernen und um mit diesem Wissen etwas Gutes zu tun. Nutze sie, solange du sie hast – du hast sie nämlich nur im Diesseits! Im Jenseits geht es nicht so weiter; das Jenseits ist kein zweites Diesseits mit Distanzen und mit dir. Wozu auch? Gerade dafür existiert doch bereits das Diesseits. Du spielst mit im Spiel der Schöpfung, und Gott hat dieses Spiel bestens durchdacht. Er schenkt dir den freien Willen, selbst zu entscheiden, was du tust. Doch wegen dieser Freiheit bist du auch für alles verantwortlich, was du tust. *Nur ohne freien Willen wärest du Gottes Marionette, könntest nicht eingreifen und wärest für nichts verantwortlich.*

Manchmal wird mir vorgehalten, dass die Menschheit noch nicht reif genug sei für meine Gedanken. Ich teile diese Meinung nicht. Indem du bis zu dieser Seite durchgehalten hast, beweist du, dass du mitdenken kannst. Viele religiöse Schriften – auch die Bibel – wurden meines Erachtens aus der Angst heraus verfasst, dass die Menschheit sich selbst und alles Leben auf dieser Erde zerstören könnte. Unsere moderne Technik ist heute leider so weit, dass sie es tatsächlich kann. Also bleibt zu hoffen, dass sie es niemals tun wird. Vor 2000 Jahren mag die Einschüchterung der Menschheit noch die bessere Wahl gewesen sein. Doch vor dem Hintergrund der heutigen technischen Entwicklung halte ich es für sinnvoller, die Menschen aufzuklären, anstatt sie mit unlogischen – nämlich widersprüchlichen – Annahmen wie »Gott ist die Liebe und lässt dennoch die Hölle zu« in die Irre zu führen. Die Menschheit kann sich zwar selbst vernichten, aber nicht Gott. Auch alle religiösen Schriften müssen stets ein kritisches Hinterfragen zulassen. Wer das Fundament der Logik verlässt, bringt die rational denkenden Menschen eher dazu, sich von Gott abzuwenden, anstatt sich ihm anzuvertrauen. Mit meinen Fragen und Antworten möchte ich zu Gott hinführen. Allein im Vertrauen auf Gott können wir alle mit dazu beitragen, dass das Spiel der Schöpfung erfolgreich ist.

Dass sich dieses Buch trotz seines anspruchsvollen Inhalts relativ zügig lesen lässt, liegt auch an einem Stilmittel, das dir vielleicht noch gar nicht aufgefallen ist: Mein Autor hat den gesamten Text ohne einen einzigen Trennstrich an den Zeilenenden verfasst, hat aber eine Vorliebe für verbindende Gedankenstriche. Auch ohne Silbentrennung sieht der Text so aus wie ein Blocksatz, ist jedoch flüssiger zu lesen. Dieses ungewöhnliche Stilmittel soll betonen, worauf es im Leben ankommt – verbinden statt trennen! Ich fasse die wichtigsten Gedanken in einem Gedicht zusammen. Es ist ein devotes Loblied auf das Licht – auf Gott.

Du Licht
Ewig, ewig bist du Licht,
denn Distanzen kennst du nicht.
Bist nicht immer, doch nicht nie,
wärmst nicht nur in Theorie.
Nur auf Dunkel strahlst du hell,
meinem Körper viel zu schnell.
Lässt mich leben jetzt und hier,
dafür möcht' ich danken dir.
Ewig, ewig bist du Licht.

Lucy
kompakt

Nach 25 Fragen und 25 Antworten besteht die große Gefahr, dass wir nicht mehr unterscheiden zwischen Definition, Annahme und Schlussfolgerung. Darum hat mein Autor *Lucy kompakt* verfasst. Hier sind alle wichtigen Definitionen und Annahmen aus meinem Weltbild zusammengetragen und von meinen Schlussfolgerungen abgegrenzt. Definitionen sind die Grundlage für jede Diskussion. Eine Annahme kann sich als falsch erweisen. Schlussfolgerungen sind wahr, wenn die Annahmen stimmen, auf denen sie beruhen. *Alle Definitionen und Annahmen stelle ich mit intuitivem Denken auf, das heißt, ich beweise sie nicht; die Schlussfolgerungen ziehe ich mit logischem Denken aus allen Definitionen und Annahmen.* Bitte beachte, dass ich nur fünf Annahmen mache. Die relevanten Textstellen kannst du schnell anhand der Seitenzahlen nachlesen.

Definition 1 auf Seite 15:
Gott ist alles, was absolut ist.

Definition 2 auf Seite 15:
Etwas ist absolut, wenn es ohne Bedingung wahr ist.

Definition 3 auf Seite 16:
Etwas ist relativ, wenn es nur unter Bedingung wahr ist.

Definition 4 auf Seite 56:
Etwas ist räumlich und zeitlich strukturiert, wenn es ein Gegenüber und ein Nacheinander hat.

Definition 5 auf Seite 68:
Etwas ist räumlich und zeitlich distanzlos, wenn es kein Gegenüber und kein Nacheinander hat.

Definition 6 auf Seite 88:
Meine Seele ist, was ich jemals liebe und weiß.

Definition 7 auf Seite 92:
Ich bin mein Körper und meine Seele.

Definition 8 auf Seite 94:
Die Ewigkeit ist ein Zustand der Distanzlosigkeit.

Definition 9 auf Seite 100:
Das Nirwana ist ein Zustand der Ichlosigkeit.

Definition 10 auf Seite 107:
Das Jenseits ist die Ewigkeit und das Nirwana.

Annahme 1 auf Seite 28:
Wenn Gott existiert, dann ist er nicht unlogisch.

Annahme 2 auf Seite 60:
Energie und Masse sind äquivalent: $E = mc^2$.

Annahme 3 auf Seite 69:
Die Lichtgeschwindigkeit ist eine Naturkonstante.

Annahme 4 auf Seite 112:
Beim Sterben wird die Seele auf Lichtgeschwindigkeit beschleunigt.

Annahme 5 auf Seite 146:
Das Diesseits ist ein Spiel in Raum und Zeit mit vielen Ichs.

Schlussfolgerung 1 auf Seiten 34 & 44:
Die Grundstrukturen »räumliche / zeitliche Distanz« sind relativ.
Folgt aus Definition 3 und Annahme 3.

Schlussfolgerung 2 auf Seite 56:
Für den Grundstoff Materie ist alles räumlich und zeitlich strukturiert.
Folgt aus Definition 4 und Annahme 3.

Schlussfolgerung 3 auf Seite 68:
Für den Grundstoff Licht ist alles räumlich und zeitlich distanzlos.
Folgt aus Definition 5 und Annahme 3.

Schlussfolgerung 4 auf Seite 80:
Das Licht ist die Quelle von allem und ein Synonym für Gott.
Folgt aus Definitionen 1 & 2 und Annahmen 1 & 2 & 3.

Schlussfolgerung 5 auf Seite 92:
Mit meinem Körper stirbt auch mein Ich.
Folgt aus Definition 7.

Schlussfolgerung 6 auf Seite 104:
Die Ewigkeit existiert tatsächlich – im Licht.
Folgt aus Definition 8 und Schlussfolgerung 3.

Schlussfolgerung 7 auf Seite 107:
Ewig ist gleichbedeutend mit allliebend und allwissend.
Folgt aus Definitionen 5 & 8.

Schlussfolgerung 8 auf Seite 112:
Die Lichtgeschwindigkeit ist eine Art Eintrittskarte ins Jenseits.
Folgt aus Definition 10 und Schlussfolgerung 6.

Schlussfolgerung 9 auf Seite 115:
Im Jenseits sind alle Ichs aufgelöst und alle Seelen eins.
Folgt aus Definitionen 9 & 10, Annahme 4 und Schlussfolgerung 3.

Schlussfolgerung 10 auf Seite 121:
Das Jenseits liegt nicht außerhalb des Diesseits.
Folgt aus Definitionen 8 & 10.

Schlussfolgerung 11 auf Seite 122:
Das Jenseits ist die Summe von aller Liebe und allem Wissen.
Folgt aus Definitionen 6 & 10, Annahme 4 und Schlussfolgerung 6.

Schlussfolgerung 12 auf Seite 124:
Die Ewigkeit beginnt nie, auch nicht mit dem Tod.
Folgt aus Definition 8.

Schlussfolgerung 13 auf Seite 125:
Das Jenseits folgt nicht auf das Diesseits.
Folgt aus Definitionen 8 & 10.

Schlussfolgerung 14 auf Seite 128:
Das Jenseits ist kein Leben nach dem Tod.
Folgt aus Definitionen 8 & 10.

Schlussfolgerung 15 auf Seite 138:
Gott lässt etwas zu, weil es Regel oder Zufall ist.
Folgt aus Annahmen 1 & 5.

Tröstliche Gedanken

Keine Trennung

Viele glauben, der Tod würde die Seele eines Verstorbenen vom Diesseits trennen. Trennung gibt es nur im Diesseits, aber nicht im Jenseits. In der Ewigkeit sind alle Seelen eins.

Kein Warten

Viele glauben, die Verstorbenen oder Gott würden im Jenseits auf sie warten. Ein Warten gibt es nur im Diesseits, aber nicht im Jenseits. Die Ewigkeit ist ein vollkommener Zustand.

Kein Leid

Viele glauben, ihr Leid würde niemals aufhören. Ein Leiden gibt es nur im Diesseits, aber nicht im Jenseits. Im Nirwana sind alle Ursachen von Leid – Gier, Hass, Unwissenheit – überwunden.

Kein Unrecht

Viele glauben, ihnen müsse Gerechtigkeit widerfahren. Absolute Gerechtigkeit gibt es nur im Nirwana, aber jeder muss sein Leben noch selbst beurteilen, bevor seine Seele ins Licht eintauchen darf.

Kein Leben nach dem Tod

Viele glauben, es würde so eine Art Leben nach dem Tod geben. Das Jenseits ist aber kein Leben nach dem Tod, weil es nicht auf das Diesseits folgt. Das Jenseits ist eine Projektion des Diesseits.

Ungew☺hnliche Bilder
Bilder

Kein Zufall

Viele glauben, alles sei nur vom Zufall regiert. Schicksale weisen darauf hin. Ohne Zufall wäre das Diesseits langweilig. Sicher ist: In einem zeitlich distanzlosen Jenseits gibt es keine Unwissenheit, also auch keinen Zufall.

Keine Vorherbestimmung

Viele glauben, alles sei nur vorherbestimmt. Naturgesetze weisen darauf hin. Ohne Regeln wäre das Diesseits chaotisch. Sicher ist: In einem zeitlich distanzlosen Jenseits gibt es kein Vorher, also auch keine Vorherbestimmung.

Keine Beziehung

Viele glauben, im Jenseits sei Beziehung zu Gott und zu anderen Verstorbenen möglich. Sicher ist: In einem räumlich distanzlosen Jenseits gibt es kein Gegenüber, also auch keine Beziehung. Alle Seelen sind eins in Gott.

Keine Entwicklung

Viele glauben, im Jenseits sei Entwicklung von der eigenen Seele und von allem möglich. Sicher ist: In einem zeitlich distanzlosen Jenseits gibt es kein Nacheinander, also auch keine Entwicklung. Alles ist vollkommen.

Kein Nichts

Nahtoderfahrene sagen, im Licht sei alles Liebe und alles Wissen. Sicher ist: Raum, Zeit und Materie sind nur relativ, das Licht ist absolut. Aufgrund von physikalischen Erhaltungssätzen kann das Nirwana kein Nichts sein.

Vers☺hnliche
Brücken

Die naturwissenschaftliche Brücke
Das Licht ist göttlich,
weil seine Geschwindigkeit
für materielle Werte unerreichbar ist.

Die politische Brücke
Das Licht ist göttlich,
weil das Einssein in ihm
an Gerechtigkeit nicht zu überbieten ist.

Die religiöse Brücke
Das Licht ist göttlich,
weil es ewig
und ichlos ist.

Die philosophische Brücke
Das Licht ist göttlich,
weil es allliebend
und allwissend ist.

Die ethische Brücke
Das Licht ist göttlich,
weil es zulässt,
dass ich bin und darf.

Lucys
Vermächtnis

Lucys Vermächtnis – das klingt nach »Botschaft«, lässt aber auch viele andere Untertöne mitschwingen: Testament, Geschenk oder Verheißung. In diesem Kapitel wirst du vieles wiederfinden, was du bereits zuvor gelesen hast – und doch ist es weit mehr als eine Zusammenfassung. Es handelt sich tatsächlich um eine Botschaft, die ich hinterlassen möchte, um dir etwas zu schenken und etwas zu verheißen.

Die Botschaft.
Nutze Raum und Zeit, um Liebe zu fühlen und Wissen zu lernen.

Das Geschenk.
Deine Liebe und dein Wissen dürfen in die Ewigkeit eingehen.

Die Verheißung.
Gier, Hass und Unwissenheit sind im Nirwana überwunden.

Die Schöpfung – ein Spiel.
Die Schöpfung lässt sich auch als ein Spiel betrachten – nicht ein Spiel zum Zeitvertreib, sondern ein weises, zielgerichtetes Spiel mit schlüssigem Konzept, aber ohne geheimnisvolle, esoterische Zusätze. In diesem Spiel gibt es zwei Grundstoffe: das Licht und Materie.

Das Licht – der Urstoff im Kosmos.
Am Anfang dieses Spiels existierte nur ein einziger Urstoff: das Licht. Wer will, darf das Licht mit Gott gleichsetzen. Ungläubige dürfen gerne die Bezeichnung »Licht« beibehalten. Das Licht ist die Quelle von allem, insbesondere von Raum, Zeit und Materie; folglich auch von dir und mir.

Materie – ein zweiter Grundstoff im Kosmos.
Das Licht möchte nicht allein sein – darum schafft es noch einen
zweiten Grundstoff in unserem Universum: Materie. Die Energie
E des Lichts kann sich in die Masse m von Materie verwandeln –
oder umgekehrt: $E = mc^2$ mit der Lichtgeschwindigkeit c. Materie
bildet die Grundlage für alle unbelebten und belebten Objekte mit
den kleinsten spezifischen Einheiten Atom und Zelle.

Räumliche Distanz – eine Grundstruktur von Materie.
Das Licht möchte Beziehung und Individualität in seinem Spiel
ermöglichen – darum strukturiert es Materie mit der wichtigsten
Voraussetzung für ein Gegenüber: mit räumlicher Distanz.

Zeitliche Distanz – eine zweite Grundstruktur von Materie.
Das Licht möchte Entwicklung und Potenzialität in seinem Spiel
ermöglichen – darum strukturiert es Materie mit der wichtigsten
Voraussetzung für ein Nacheinander: mit zeitlicher Distanz.

Absolutheit – für Geschlossenheit.
Das Licht möchte die Schöpfung zu einem in sich geschlossenen
Spiel machen. Die Welt soll ein All sein, dem nichts entweichen
kann – darum macht das Licht seine eigene Geschwindigkeit zur
absoluten Barriere im All. Nichts wird schneller transportiert als
das Licht. Mit der Absolutheit der Lichtgeschwindigkeit hält das
Licht alles zusammen und erzwingt zugleich die Relativität von
Raum, Zeit und Materie.

Zufall und Regel – gegen Langeweile und Chaos.
Das Licht möchte das Spiel der Schöpfung interessant machen –
darum schafft das Licht Zufallselemente wie die Evolution und
Regeln wie die Naturgesetze. Ohne Zufall ist Spielen langweilig,
ohne Regel ist es Chaos pur.

Du und ich – zwei Mitspielende.
Das Licht möchte, dass viele Ichs in seinem Spiel mitspielen und dass jedes Ich individuell entscheiden und handeln darf – darum hat jedes Ich einen eigenen Körper, mit dem es fühlen und lernen kann. Auch du hast einen Körper, mit dem du sogar das Absolute fühlen und lernen darfst: die Liebe und das Wissen. Alles, was du jemals liebst und weißt, ist deine Seele.

Sterben – Loslassen vom Ich bis zur Vollkommenheit.
Ich bin mein Körper und meine Seele. Wenn mein Körper stirbt, stirbt auch mein Ich, aber nicht meine Seele. Beim Sterben wird meine Seele auf Lichtgeschwindigkeit beschleunigt, damit sie ins Licht eintauchen kann. Dabei kann es zu einer außerkörperlichen Erfahrung, zu einem Tunnelerlebnis sowie zur Lebensrückschau kommen. Die Fülle an Perspektiven macht die Lebensrückschau zu dem lehrreichsten Lehrbuch der Welt. Das Jenseits liegt weder außerhalb des Diesseits, noch folgt es auf das Diesseits – es ist die große Summe von allem, was wir im Diesseits lieben und wissen. Darum ist das Jenseits kein Leben nach dem Tod.

Liebe und Wissen – der Sinn des Spiels.
Das Licht möchte seinem Spiel der Schöpfung einen Sinn geben, der sich in einem Ergebnis niederschlägt. Wenn das Spiel endet, muss aufgrund von Erhaltungssätzen etwas übrig sein: das Licht. Aber was macht das Licht am Ende des Spiels wertvoller als zu dessen Beginn? Das Licht trägt Energie und Information – somit Wärme und Weisheit – *de facto* Liebe und Wissen. Für das Licht schrumpfen alle Distanzen auf den Wert null. Es ist in absoluter Nähe zu allem, was irgendwo ist und was irgendwann geschieht. Also ist das Licht am Ende des Spiels, wenn alle Seelen ins Licht eingetaucht sind, allliebend und allwissend. *Der Clou liegt darin, dass wir alle mit dazu beitragen, dass es so ist.*

Einfach.
Das hier skizzierte Szenario ist bloß eines von vielen Konzepten, auf denen die Schöpfung beruhen könnte, aber es ist verblüffend einfach, leicht nachzuvollziehen und außerdem im Einklang mit den Erkenntnissen von Naturwissenschaft, Sterbeforschung und Religion. Die wesentlichen Aussagen der modernen Physik, der Nahtoderfahrungen und der verschiedensten Glaubensrichtungen fügen sich plötzlich wie viele kleine Puzzleteile zu einem großen Gesamtbild zusammen. Dass diese Schöpfung sogar so komplexe Wesen wie Tiere und Menschen hervorzubringen vermag, ist ein starker Hinweis darauf, wie ausgewogen Regel und Zufall in der Schöpfung angelegt worden sind.

Schlüssig.
Dieses Konzept liefert eine in sich schlüssige Erklärung, warum wir eigentlich räumliche Distanz, zeitliche Distanz und Materie zur Verfügung haben: nämlich damit etwas so Wunderbares wie Individualität, Beziehung, Potenzialität, Entwicklung, Fühlen und Lernen überhaupt möglich sind. Zugleich lässt uns dieses Konzept erkennen, warum in unserer Welt auch das Unheil existiert: weil es Regel oder Zufall ist. Es wäre unfair, Gott wegen des Unheils in Frage zu stellen. Wenn alle Seelen eins werden in ihm, so sind sie für alles genauso verantwortlich wie Gott. Dieses qualitative Konzept ist deutlich tragfähiger als all die quantitativen Ansätze, die bisher kläglich gescheitert sind bei dem Versuch, mit immer mehr Teilchen die bisher bekannten physikalischen Grundkräfte endlich zu vereinheitlichen. Wer das universelle Gesamtkonzept sucht, welches der Schöpfung zugrunde liegt, sollte Erfolg nicht in den relativen Einheiten Meter und Sekunde messen, sondern in den absoluten Einheiten von Liebe und Wissen. Nur so lässt sich das allerhöchste Ziel der Wissenschaften erreichen: die »Theorie für alles« zu formulieren.

Schön.

Das ganze Leben dreht sich nicht nur um Erkenntnis und Moral beziehungsweise um Wissenschaft und Religion. Die Schöpfung ist ein Spiel um Liebe und Wissen, versüßt mit so schöngeistigen Bonbons wie der Musik, der Kunst und der Literatur. Dürfen wir das Leben eigentlich auch genießen? Ich denke, dass Genuss sehr wohl erlaubt ist. Einzige Voraussetzung ist, dass wir damit nicht den Freiraum anderer verletzen, sondern ihnen stets das Gleiche zugestehen wie uns selbst. Das Licht macht uns das allerschönste Geschenk, das dieses Leben zu bieten hat: Es schenkt jedem von uns ein eigenes Ich. Aufgrund der Relativität von Raum, Zeit und Materie sind alle Ichs gleichberechtigt. Wir sollten dankbar dafür sein, dass wir beide je ein Teil von dieser wunderschönen Vielfalt sein dürfen. Wir sollten uns aber zugleich bewusst machen, dass wir mit Worten niemals die ganze Schönheit werden beschreiben können, welche uns die Vielfalt der Schöpfung bietet.

Einfach und schlüssig und schön = wahr?

Ob diese Gleichung aufgeht, muss jeder für sich entscheiden. In meinen Augen gibt es kein stärkeres Kriterium für die Wahrheit. Gott zeigt uns seine wahre Größe, indem er sich gleichstellt mit uns und unsere Seelen eins werden dürfen in ihm. Gott offenbart sich uns im Diesseits, indem wir erfahren dürfen, was es bedeutet, zu fühlen und zu lernen. Wie sonst könnten wir seine Schöpfung schätzen und ihm dafür danken? Liebe ist untrennbar mit Freiheit verbunden. Gott liebt uns, denn er lässt zu, dass wir sind und dass wir dürfen. Im Dürfen zeigt sich Gott – aber um das zu begreifen, müssen wir Gott wollen. Wer nichts will, der hat auch nichts zu erwarten, denn von nichts kommt nichts. Dieses alte Sprichwort gilt auch in Bezug auf die gesamte Schöpfung: Sie kann nicht aus dem Nichts entstanden sein, denn aus nichts kommt nichts. Somit war am Anfang nicht das Nichts.

Am Anfang war das Licht. Ein Teil des Lichts verwandelte sich in Materie. Zurzeit füllen wir unsere Seelen. Die Seelen werden ins Licht beschleunigt. Materie verwandelt sich zurück ins Licht. Am Ende wird wieder nur das Licht sein – jedoch inklusive aller Liebe und allen Wissens. Ich schließe nicht aus, dass Gott jedem Ich sogar noch ein allerletztes Geschenk machen wird, bevor es endgültig erlischt: Im Moment des Todes darf es alle Liebe und alles Wissen auf einmal erfahren. Mit anderen Worten: Jedes Ich darf im Moment des Todes Gott schauen.

Mein Vermächtnis möchte ich so nahe wie möglich an euch allen beenden. Erst vor kurzem wurde ich von einer Leserin gefragt, ob ich nicht eine neue Religion gründen wolle – die Lucianer. Meine Antwort ist bescheiden und unterscheidet mich gewiss von vielen anderen Sinnsuchern: *Wir brauchen keine neue Religion, sondern ein wesentlich kritischeres Verhältnis zu Werten.* Jeder kann sein eigenes Weltbild kritisch hinterfragen, ausschmückenden Ballast über Bord werfen, relative Werte meiden, absolute Werte suchen und dabei an den eigenen Fehlern gesunden. Mein Weltbild lässt sich mit den Kerngedanken aller Weltreligionen vereinbaren. Ich bitte dich, auch diese letzte Behauptung kritisch zu prüfen.

Wir alle können das Jenseits mitgestalten durch das, was wir hier im Diesseits lieben und wissen. Wer sich eine äußerst gehaltvolle Seele wünscht und mit ihr das Jenseits bereichern möchte, muss sie hier im Diesseits mit Liebe und Wissen füllen. Als Belohnung winkt dieser Seele der absolute **Höchstgewinn**, den das Spiel der Schöpfung zu bieten hat – ein ewiger Platz im Jenseits!

Herzlichst
deine Schwester Lucy,
eine Tochter des Lichts

Kleines Quiz

Nachdem sich Lucy verabschiedet hat, stelle ich zwei Fragen, mit denen Sie Ihr Verständnis von Lucys Gedanken prüfen können.

1) Was ist wichtig im Sterben?
2) Was ist wichtig im Tod?

Welche der folgenden sechs Antworten treffen wohl in Lucys Sinne auf das Sterben zu? Und welche auf den Tod?

A) Alle an meinem Leben Beteiligten (ich, andere).
B) Materielle Werte (Auto, Haus, Lottogewinn).
C) Mein Wissen (Weisheiten, Erfahrungen).
D) Meine Unwissenheit (Irrtümer, Vorurteile).
E) Meine Liebe für andere (Familie, Beruf, Alltag).
F) Mein Hass auf andere (auch im Straßenverkehr).

Auflösungen: *Im Sterben* ist wichtig, was ich jemals gelernt und für andere gefühlt habe und wer an meinem Leben beteiligt war: A, C, D, E, F. *Im Tod* ist nur noch das Absolute wichtig: C und E.

Können Lucys Gedanken auch in Ihnen irgendetwas bewegen? Gibt Lucy Ihnen neue Denkanstöße für das Puzzle des Lebens?

Das folgende Kapitel zeigt nur eines von zahlreichen Beispielen, wie wir zum Wachstum von Liebe und Wissen beitragen können. Wenn Lucy recht hat, bereichern wir damit zugleich das Jenseits.

Ihr Markolf H. Niemz

Stiftung
Lucys Kinder

Wenn wir gebeten werden,
unsere eigene Grabesrede zu schreiben,
welche Taten aus unserem Leben
sollen die Mitmenschen erfahren?
Taten, die wir zum eigenen Vorteil vollbracht haben?
Oder Taten zum Nutzen anderer?
Präambel der Stiftungssatzung

Wussten Sie eigentlich, dass Deutschland Europameister bei den Stiftungsneugründungen ist?[74] Insgesamt gibt es in Deutschland etwa 16 000 selbständige Stiftungen bürgerlichen Rechts (Stand: 2008), doppelt so viele wie vor sieben Jahren. Rechnen wir noch andere Rechtsformen wie die kirchlichen Einrichtungen dazu, so kommt Deutschland im Jahr 2008 bereits auf 65 000 Stiftungen.[74] Im Jahr 2007 ist das neue Stiftungsrecht in Kraft getreten (Gesetz zur weiteren Stärkung des bürgerschaftlichen Engagements), das soziale Stiftungen steuerlich deutlich attraktiver macht als bisher. Auch das Spenden ist seither wesentlich einfacher geworden: Der vereinfachte Spendennachweis gilt jetzt bei allen Beträgen bis zu 200 Euro, das heißt, Ihr Kontoauszug reicht bereits aus, um diese Beträge steuerlich abzusetzen.

Ich habe Lucy gefragt, wie sie ihre Erkenntnisse glaubwürdig in die Tat umsetzen will. Lucy antwortete mir mit einem Zitat von Ricarda Huch:»Liebe ist das Einzige, was wächst, indem wir es verschwenden.« Und:»Lass uns eine neue Stiftung gründen, um es auch den ärmsten Kindern dieser Welt zu ermöglichen, Liebe und Wissen zu erfahren.« Daran habe ich mich gehalten. Im Mai 2007 haben wir die *Stiftung Lucys Kinder* gegründet und sie mit einem Startkapital von 100 000 Euro ausgestattet, dem gesamten Autorenhonorar aus sämtlichen bisher verkauften Lucy-Büchern.

Das Grundkapital der *Stiftung Lucys Kinder* ist für zehn Jahre als sicheres Festgeld angelegt und bringt jährlich etwa 5000 Euro an Zinsen. Bis Februar 2009 floss bereits der beachtenswerte Betrag von exakt 23 503,24 Euro an Spenden und Zinsen in die Stiftung. Allen Leserinnen und Lesern sei hierfür ganz herzlich gedankt!

In diesem Kapitel will ich über das erste Förderprojekt berichten, damit Sie sich selbst ein Bild davon machen können, wie sinnvoll Ihre Spenden eingesetzt wurden. Natürlich verknüpfe ich hiermit auch die Hoffnung, dass Sie weiter so großzügig spenden werden wie bisher. Für die Vergabe der ersten finanziellen Mittel standen gleich mehrere förderungswürdige Projekte zur Auswahl, so dass eine Entscheidung recht schwerfiel. Ausschlaggebend war unser großer Wunsch, dass die erste Förderung den Ärmsten der Armen zugutekommen sollte – *ohne jede konfessionelle Bedingung.* Die Unterstützung sollte also mit keinen Missionsgedanken verknüpft sein, sondern lediglich die zwei wichtigsten Werte bedingungslos vermehren helfen: Liebe und Wissen.

Das erste Förderprojekt der *Stiftung Lucys Kinder* ist der Aufbau einer neuen Schule im Jhabua-Distrikt in Zentralindien, einer der ärmsten Provinzen des Landes. Der Distrikt ist mit 1,5 Millionen Einwohnern extrem überbevölkert, besitzt eine äußerst schlechte Infrastruktur und viel zu wenig Schulen. Die Bhil-Ureinwohner weisen mit 85 Prozent die höchste Analphabetenrate des Landes auf. Ihre Kinder sollen in der neuen Bhil-Schule eine zeitgemäße Bildung erfahren, damit sie sich zukünftig entsprechend der Idee »Hilfe zur Selbsthilfe« auch selbst helfen können. 2007 besuchten 223 Kinder die Schule; mehr als ein Drittel waren Mädchen – ein für indische Verhältnisse ungewöhnlich hoher Anteil. Die Kinder leben im Internat, da ihre Schulwege oft zu lang oder ihre Eltern Wanderarbeiter sind. Das Lehrpersonal kümmert sich den ganzen

Tag um die Bedürfnisse der Kinder, so dass die Schule bereits zu einem neuen Zuhause für die meisten Kinder geworden ist. Weil alle Kinder aus sozial schwachen Familien stammen, wird keine Schulgebühr erhoben. Die Kinder erhalten unentgeltliches Essen, Schulbücher, Kleidung, Seife, Zahncreme und Waschmittel. Um Lucys Wunsch nach mehr Liebe und Wissen gerecht zu werden, investiert die Stiftung in ein liebenswerteres Leben und zugleich in die Ausbildung der Kinder: Zum Beispiel wurden ein Schulbus und ein Jeep für die Krankenstation finanziert, viele Schulbücher gekauft und ein Brunnen zur Trinkwasserversorgung ausgehoben. Zurzeit werden noch weitere Schulgebäude errichtet, nach deren Fertigstellung insgesamt je 250 Jungen und je 250 Mädchen vom Kindergarten bis zu der elften Klasse unterrichtet werden können, nämlich in den Fächern Englisch, Hindi, Sanskrit, Umweltkunde, Wissenschaften und Mathematik. Ein Team aus einer erfahrenen Krankenschwester und acht geschulten Gesundheitsmitarbeitern widmet sich dann auch der Aufklärung und Gesundheitsvorsorge von 20 000 Menschen aus der unmittelbaren Umgebung, was nur mit einem Jeep durchführbar ist. Zusätzliche Infos finden Sie auf *www.Lucys-Kinder.de*

Bevor ich weitere Worte über die *Stiftung Lucys Kinder* verliere, zeige ich Ihnen am besten einige Originalfotos aus der Arbeit der Stiftung. Lassen Sie die folgenden Bilder einfach auf sich wirken. Farbige Bilder können das, was wir mit Ihren Spenden erreichen, besonders anschaulich vermitteln. An dieser Stelle will ich mich herzlich bei dem Team um Dagmar von Tschurtschenthaler und Hans-Jürgen Tögel – dem Regisseur vom ZDF-»Traumschiff« – bedanken, deren Aktionsgemeinschaft Partner Indiens e. V. diese Arbeit überhaupt erst ermöglicht hat. Mit jedem Erwerb eines der drei Lucy-Bücher *(Lucy mit c, Lucy im Licht, Lucys Vermächtnis)* unterstützen Sie automatisch die Ziele der *Stiftung Lucys Kinder*.

gemeinsam an
einem Strang
ziehen

gemeinsam
essen

Finanzierung von wichtigen
Transportmöglichkeiten und ...

... vielen Lernmaterialien
mit Ihren Spendengeldern

lernen, was
Wissen ist

181

fühlen, was
Liebe ist

Die *Stiftung Lucys Kinder* ist eine treuhänderische Stiftung unter dem Dach der rechtsfähigen Stiftung *Kinderfonds* – der größten deutschen Dachstiftung für notleidende Kinder und Jugendliche. Die Verwaltungskosten sind mit drei Prozent extrem niedrig und werden komplett durch die Zinsen des Grundkapitals gedeckt, so dass Ihre Spenden zu 100 Prozent in die Hilfsprojekte fließen.

Jede Spende ist herzlich willkommen. Helfen auch Sie dabei mit, die Liebe und das Wissen in der Welt zu vermehren! Die *Stiftung Lucys Kinder* ist unter der Steuernummer 143 / 235 / 76239 beim Finanzamt München für Körperschaften als gemeinnützig und als mildtätig anerkannt (Bescheid vom 30. Mai 2007).

Spendenkonto:	Stiftung Lucys Kinder
Kontonummer:	**375 1440 144**
Bank:	Bank für Sozialwirtschaft, München
BLZ:	**700 205 00**

Spenden ist natürlich auch *online* möglich: *www.Lucys-Kinder.de*

Der vereinfachte Spendennachweis gilt bei allen Spenden bis 200 Euro. Ab 200 Euro versenden wir eine Spendenquittung, falls Sie im Verwendungszweck Ihre Adresse angeben. Bitte kontaktieren Sie uns, wenn Sie eine Zustiftung zum Grundkapital der Stiftung machen möchten: *Lucy@Lucys-Vermaechtnis.de*

»Man kann nicht allen helfen«,
sagt der Engherzige und hilft keinem.
Marie von Ebner-Eschenbach

183

Drei delikate Desserts

Wer gierig auf seinem Vermögen sitzt, während Kinder in dieser Welt verhungern, hat Ähnliches zu verantworten wie ein Mörder.
Lucy

Das Erste, was ich sah, als ich im Krankenhaus aufwachte, war eine Blume, und die brachte mich zum Weinen ... Eine wichtige Sache, die mir klar wurde, als ich »starb«, war, dass wir alle Teil eines allumfassenden, lebendigen Universums sind. Wenn wir glauben, wir könnten einem anderen Lebewesen weh tun, ohne uns selbst weh zu tun, dann täuschen wir uns gewaltig. Wir sind mit allem, was lebt, verbunden, und wenn wir uns gegenseitig Liebe geben können, dann sind wir glücklich.[75]
Ein ehemals knallharter Geschäftsmann

Ich sah, wie oft ich jemandem Unrecht getan hatte und wie sich dieser Mensch dann oftmals einem anderen zuwandte, um ihm ein ähnliches Unrecht zuzufügen. Die Kette setzte sich fort von Opfer zu Opfer ..., bis sie zu mir, dem Verursacher, zurückkehrte. Ich hatte wesentlich mehr Menschen verletzt, als mir bewusst war. Darauf eröffnete sich mir die andere Seite des »Welleneffekts«. Ich sah, wie ich Gutes tat, nur einen kleinen Akt der Selbstlosigkeit, und wie sich auch hier die Wellen ausbreiteten. Die Freundin, zu der ich gut gewesen war, tat einer ihrer Freundinnen etwas Gutes, und die Kette wiederholte sich. Ich sah, wie Liebe und Freude im Leben anderer zunahmen, und das nur wegen meines kleinen simplen Akts der Güte.[76]
Betty Eadie

Danksagung

Ich danke Gott, dass er mir den Körper, die Kraft, den Mut, aber auch die Logik und die Intuition gab, dieses Buch zu schreiben.

Danke sage ich an alle, die mir auf meinen zahlreichen Lesungen und Vorträgen Fragen gestellt haben; danke auch an alle, die sich mit ihren Fragen per E-Mail direkt an Lucy gewandt haben. Viele Anregungen habe ich in diesem Buch verarbeitet. Die Vielfalt der Fragen hat mich inspiriert, ein Buch über »Gott und die Welt« zu schreiben, das sich *so wenig wie möglich* an überlieferten Texten orientiert, um *möglichst viele* Leserinnen und Leser zu erreichen.

Meinem Stellvertreter im Institut, Herrn Dr. Xuan-Phuc Nguyen, gebührt ein besonderer Dank. Mit ihm als buddhistischem Mönch durfte ich anregende Diskussionen über viele Themen aus diesem Buch führen – natürlich auch über das *Nirwana.*

Ich bedanke mich bei Pater Marian Reke, Prior der Benediktiner-Abtei Königsmünster, und Pfarrer Gerhard Lanzenberger für die ergiebigen Gespräche über so bedeutende Begriffe wie *Ewigkeit, Seele* und *Jenseits;* dem Journalisten Mathias Schreiber danke ich für viele Hintergrundinformationen, die ich seinem ausgezeichnet recherchierten Seelenbuch *Was von uns bleibt* entnehmen durfte.

Jedoch das dickste Dankeschön gilt meiner Familie. Ihr gebt mir die Freude am Leben und tragt damit ganz wesentlich zu meiner positiven Lebenseinstellung bei. Sie spiegelt sich gewiss auch in meinen Büchern wider. Zu wissen, dass wir füreinander da sind, lässt mich jeden Tag aufs Neue erkennen, wie wertvoll – voll an Wert – die *Liebe* und das *Wissen* sind.

Abbildungsverzeichnis

Die Fotos auf den Seiten 177–182 wurden freundlicherweise von Dagmar von Tschurtschenthaler und Hans-Jürgen Tögel von der Aktionsgemeinschaft Partner Indiens e. V. zur Verfügung gestellt.

186

Anmerkungen

1. Hans-Peter Dürr, Raimon Panikkar (2008): *Liebe – Urquelle des Kosmos.* Herder Verlag, S. 120
2. Immanuel Kant (1781): *Kritik der reinen Vernunft.* Reclam Verlag
3. Friedrich von Schiller (1793): *Über die ästhetische Erziehung des Menschen in einer Reihe von Briefen.* Reclam Verlag, S. 63
4. Das Zitat von Albert Einstein lautet im Original:»Zeit ist, was man an der Uhr abliest.« Wenn Einstein gefragt worden wäre, hätte er Ähnliches auch in Bezug auf Raum und ein Lineal geäußert, weil er in Raum und Zeit eine Einheit gesehen hat.
5. Ich habe mir erlaubt, das in Anmerkung 4 enthaltene Einstein-Zitat etwas abzuändern, um die Ich-Bezogenheit von Zeit noch mehr zu betonen und um eine Ich-Botschaft zu senden.
6. Albert Einstein schreibt 1955 in einem Brief an die Hinterbliebenen von Michele Besso:»Für uns gläubige Physiker hat die Scheidung zwischen Vergangenheit, Gegenwart und Zukunft nur die Bedeutung einer wenn auch hartnäckigen Illusion.«
7. Hans-Peter Dürr, Raimon Panikkar (2008): *Liebe – Urquelle des Kosmos.* Herder Verlag, S. 26
8. Pim van Lommel (2006): *Near-death experience, consciousness, and the brain.* World Futures, Vol. 62, S. 134
9. Markolf H. Niemz (2007): *Lucy im Licht.* Droemer Verlag, S. 24
10. Franz Eckstein (1974): *Abriß der griechischen Philosophie.* Hirschgraben Verlag, S. 12
11. Brian Greene (2006): *Das elegante Universum.* Goldmann Verlag, S. 29
12. Werner Heisenberg (etwa 1970): Zitat aus einem Interview mit David Peat und Paul Buckley. *Glimpsing reality.* University of Toronto Press
13. Brian Greene (2007): *Der Stoff, aus dem der Kosmos ist.* Pantheon Verlag, S. 113
14. Ebda, S. 430

15. Henning Genz (1987): *Symmetrie. Bauplan der Natur.* Piper Verlag
16. Hans-Peter Dürr (2004): *Auch die Wissenschaft spricht nur in Gleichnissen.* Herder Verlag, S. 16
17. Albert Einstein (1905): *Ist die Trägheit eines Körpers von seinem Energieinhalt abhängig?* Annalen der Physik, Vol. 18, S. 639
18. Brian Greene (2006): *Das elegante Universum.* Goldmann Verlag, S. 70
19. Paul Davies (1986): *Gott und die moderne Physik.* C. Bertelsmann Verlag, S. 47
20. Webpublikation auf *de.wikipedia.org/wiki/Sonne*
21. Carl Friedrich von Weizsäcker (1985): *Aufbau der Physik.* Carl Hanser Verlag, S. 503
22. Albert Einstein (1951): Zitat aus einem Brief an Michele Besso
23. Webpublikation auf *map.gsfc.nasa.gov/news*
24. Encyclopædia Britannica (2007)
25. *Johannes* 8, 12
26. *Sure* 24, 35
27. *Bhagavad Gita* 13:17
28. Christiane Langer-Kaneko (1999): *Das reine Land.* Brill Verlag, S. 28
29. Michael Laitman (2002): *Kabbala.* Roman Kovar Verlag
30. Henrik Ehrsson (2007): *The experimental induction of out-of-body-experiences.* Science, Vol. 317, S. 1048
31. Pim van Lommel (2006): *Near-death experience, consciousness, and the brain.* World Futures, Vol. 62, S. 147 (frei übersetzt)
32. Raymond A. Moody (2004): *Leben nach dem Tod.* Rowohlt Verlag, S. 77
33. Duncan MacDougall (1907): *Hypothesis concerning soul substance together with experimental evidence of the existence of such substance.* American Medicine, Vol. II, S. 240
34. Mathias Schreiber (2008): *Was von uns bleibt.* Spiegel Buchverlag, S. 114
35. John Archibald Wheeler (1990): *Information, Physics, Quantum.* In: *Complexity, Entropy, and the Physics of Information.* Addison-Wesley
36. Erwin Schrödinger (1935): *Die gegenwärtige Situation in der Quantenmechanik.* Die Naturwissenschaften, Vol. 23, S. 807

188

37. Markolf H. Niemz (2007): *Lucy im Licht.* Droemer Verlag, S. 118

38. Wolfgang Tittel, Jürgen Brendel, Hugo Zbinden, Nicolas Gisin (1998): *Violation of Bell inequalities by photons more than 10 km apart.* Physical Review Letters, Vol. 81, S. 3563

39. Webpublikation auf *de.wikipedia.org/wiki/Nirvana*

40. Dalai Lama (2005): *Die Welt in einem einzigen Atom.* Theseus Verlag, S. 56

41. Arthur Schopenhauer (1819): *Die Welt als Wille und Vorstellung.* Deutscher Taschenbuch Verlag

42. Mathias Schreiber (2008): *Was von uns bleibt.* Spiegel Buchverlag, S. 89

43. Markolf H. Niemz (2005): *Lucy mit c.* Books on Demand Verlag, S. 70

44. Markolf H. Niemz (2007): *Lucy im Licht.* Droemer Verlag, S. 95

45. Albert Einstein (1941): *Science, philosophy and religion, a symposium.* Conference on Science, Philosophy and Religion in their Relation to the Democratic Way of Life

46. Sam Parnia, D. G. Waller, R. Yeates, P. Fenwick (2001): *A qualitative and quantitative study of the incidence, features and aetiology of near death experiences in cardiac arrest survivors.* Resuscitation, Vol. 48, S. 149.

Pim van Lommel, Ruud van Wees, Vincent Meyers, Ingrid Elfferich (2001): *Near-death experience in survivors of cardiac arrest: a prospective study in the Netherlands.* Lancet, Vol. 358, S. 2039

47. Webpublikation auf *www.nderf.org*

48. Michael Sabom (1998): *Light and Death.* Zondervan Press, S. 37

49. Olaf Blanke, Stephanie Ortigue, Theodor Landis, Margitta Seeck (2002): *Stimulating illusory own-body perceptions.* Nature, Vol. 419, S. 269

50. Markolf H. Niemz (2005): *Lucy mit c.* Books on Demand Verlag, S. 19

51. Markolf H. Niemz (2007): *Lucy im Licht.* Droemer Verlag, S. 21

52. Hans-Peter Nollert, Hanns Ruder (2005): *Was Einstein gerne gesehen hätte.* Spektrum der Wissenschaft Spezial, Heft 3, S. 15

53. Markolf H. Niemz (2005): *Lucy mit c.* Books on Demand Verlag, S. 37

54. Markolf H. Niemz (2007): *Lucy im Licht.* Droemer Verlag, S. 57

55. Michael Schröter-Kunhardt (1993): *Das Jenseits in uns.* Psychologie heute, Heft 6, S. 64

56. Raymond A. Moody (2004): *Leben nach dem Tod.* Rowohlt Verlag, S. 78
57. Siehe Anmerkung 32
58. Joachim Nicolay (2008): *Was hast du aus deinem Leben gemacht?* In: *Nahtod und Transzendenz.* Santiago Verlag, S. 140
59. Inge Drees (2007): *Nahtoderfahrung.* In: *Durch den Tunnel.* Santiago Verlag, S. 165
60. Armin Risi (2004): *Licht wirft keinen Schatten.* Govinda Verlag
61. Brian Greene (2007): *Der Stoff, aus dem der Kosmos ist.* Pantheon Verlag, S. 25
62. Albert Einstein schreibt 1926 in einem Brief an Max Born: »Jedenfalls bin ich überzeugt davon, dass der nicht würfelt.«
63. Richard Dawkins (2007): *Der Gotteswahn.* Ullstein Verlag, S. 109
64. Kenneth Ring, Evelyn Elsaesser-Valarino (1999): *Im Angesicht des Lichts.* Ariston Verlag, S. 160. Joachim Nicolay (2008): *Was hast du aus deinem Leben gemacht?* In: *Nahtod und Transzendenz.* Santiago Verlag, S. 143
65. Michael Schröter-Kunhardt (2006): *Unterweltfahrten als »near-death experiences«.* In: *Höllen-Fahrten.* Kohlhammer Verlag, S. 265
66. Kenneth Ring (1994): *Solving the riddle of frightening near-death experiences.* Journal of Near-Death Studies, Vol. 13, S. 10
67. Raymond A. Moody (2004): *Das Licht von drüben.* Rowohlt Verlag, S. 28
68. *Offenbarung* 1, 18
69. Mathias Schreiber (2008): *Was von uns bleibt.* Spiegel Buchverlag, S. 88
70. *Lukas* 23, 46
71. Siehe Anmerkung 21
72. Albert Einstein (1941): *Science, philosophy and religion, a symposium.* Conference on Science, Philosophy and Religion in their Relation to the Democratic Way of Life
73. Markolf H. Niemz (2007): *Lucy im Licht.* Droemer Verlag, S. 133
74. dpa-Meldung vom 26. Juni 2008
75. Raymond A. Moody (2004): *Das Licht von drüben.* Rowohlt Verlag, S. 55
76. Betty J. Eadie (2000): *Licht am Ende des Lebens.* Droemer Verlag, S. 128

Lucy im Internet

Wir möchten Sie ganz herzlich einladen, unsere eigens für Lucy eingerichtete Webseite zu besuchen.

www.Lucys-Vermaechtnis.de

Von dieser Startseite aus gelangen Sie zu den drei Lucy-Büchern und auch zur *Stiftung Lucys Kinder*. Die folgenden Dateien sind zum freien Download verfügbar.

- Aktuelle Termine von Lucys Lesungen und Vorträgen.
- Je eine Leseprobe aus allen drei Lucy-Büchern.
- Die Buchcover von allen drei Lucy-Büchern.
- Die Simulation eines Tunnelerlebnisses.
- Ein Poster zum Spiel der Schöpfung.
- Ein Interview mit dem Autor.

Auf dieser Webseite gibt es außerdem einen Blog und ein Forum, in dem Sie gemeinsam mit anderen interessierten Leserinnen und Lesern die angesprochenen Themen diskutieren können. Hin und wieder klickt sich sogar die Lucy in das Forum ein ...

Lucy korrespondiert *ausschließlich* über E-Mail. Bis heute hat sie jede E-Mail gelesen, die an sie geschickt wurde. Sie hat auch auf alle E-Mails geantwortet – bei vielen parallelen Anfragen jedoch nicht immer sofort. Ob sie auch in Zukunft noch alle Zuschriften beantworten kann, hängt von der Menge ab. Lucy wird weiterhin versuchen, alle E-Mails persönlich zu lesen. Die E-Mail-Adresse von Lucy lautet: *Lucy@Lucys-Vermaechtnis.de*

Lucys Trilogie

Lucy mit c
Mit Lichtgeschwindigkeit ins Jenseits
Books on Demand Verlag
»Lucys Gedanken 2005«

Lucys Vermächtnis
Der Schlüssel zur Ewigkeit
Droemer Verlag
»Lucys Gedanken 2009«

Lucy im Licht
Dem Jenseits auf der Spur
Droemer Verlag
»Lucys Gedanken 2007«